建筑工程成本管控实操系列丛书

U0157642

# 建筑工程计量与计价应用

主　　编　张　川　贾　毅　虞　湛
副 主 编　杨　影　顾学良　马　冲
主　　审　虞长华
组织编写　山东金城建设有限公司
　　　　　山东省工程造价咨询有限公司

中国建筑工业出版社

图书在版编目（CIP）数据

建筑工程计量与计价应用/张川，贾毅，虞湛主编．—北京：中国建筑工业出版社，2019.12
（建筑工程成本管控实操系列丛书）
ISBN 978-7-112-21241-5

Ⅰ.①建⋯ Ⅱ.①张⋯ ②贾⋯ ③虞⋯ Ⅲ.①建筑经济定额②建筑造价管理 Ⅳ.①TU723.3

中国版本图书馆 CIP 数据核字（2019）第 286199 号

本书根据山东省住房和城乡建设厅《山东省建筑工程消耗量定额》SD 01-31-2016，并结合住房城乡建设部《房屋建筑与装饰工程消耗量定额》TY 01-31-2015、《山东省建设工程费用项目组成及计算规则（2016）》为依据编写，在编写的过程中力求循序渐进、层层剖析，尽可能全面系统地阐明建筑工程各分部分项工程的定额说明和工程量计算规则。在教会读者正确理解定额说明的同时，掌握工程量计算规则，保证准确高效地计算工程量，从而正确且快速地进行计价。该书紧扣工程造价理论与实践，最大限度地与生产管理一线相结合，简单易懂、实际可操作性强。

本书可作为高等院校工程管理、工程造价、房地产经营管理、审计、资产评估及相关专业师生的实用参考书，也可以作为建设单位、施工单位、设计单位及监理单位的工程造价人员、工程造价管理人员、工程审计人员等相关人士的参考用书。

责任编辑：范业庶　曹丹丹
责任校对：姜小莲

建筑工程成本管控实操系列丛书
建筑工程计量与计价应用
主　编　张　川　贾　毅　虞　湛
副主编　杨　影　顾学良　马　冲
主　审　虞长华
组织编写　山东金城建设有限公司
　　　　　山东省工程造价咨询有限公司

＊

中国建筑工业出版社出版、发行（北京海淀三里河路 9 号）
各地新华书店、建筑书店经销
北京红光制版公司制版
天津安泰印刷有限公司印刷

＊

开本：787×1092 毫米　1/16　印张：11　字数：273 千字
2020 年 6 月第一版　　2020 年 6 月第一次印刷
定价：**39.00** 元
ISBN 978-7-112-21241-5
（35267）

# 前　言

随着我国工程造价改革的更加深入，2015年住房城乡建设部《房屋建筑与装饰工程消耗量定额》和2016年山东省住房和城乡建设厅《山东省建筑工程消耗量定额》相继出台，使山东省建筑工程计量和计价依据更加完善，更加适应社会主义市场经济的发展。建筑定额作为编制招标控制价、工程量清单计价的依据和成本分析的参考，无论是现在还是将来，这一属性是不会改变的。由于计价依据的改革，定额结构、章节划分及工程量计算规则的调整，加之新材料、新工艺、新技术和新构造的应用，广大工程造价专业人员在使用过程中难免遇到一些困难和问题，本书旨在起到为读者在学习和日常工作中排忧解难的辅导作用。

对于有一定施工经验的工程造价专业人员，在日常工作中处理疑难问题的能力比较强，而无任何施工技术概念的人员做工程预算、结算和过程控制工作就比较困难，对定额子目的套用，人、材、机消耗量的调整、换算及补充等容易出现许多错误。本书在编写过程中充分考虑到理论和实践的结合，以"理论与实践的结合、施工与计量计价的结合"为切入点，除了对定额各章节及有关定额子目做了详尽的运用说明、施工技术说明及系数的由来和运用说明外，还配以大量的图形和照片加以解释，并且通过诸多实例加以演算和论证，深入浅出、图文并茂，使读者易学、易懂，更好地增强记忆、便于掌握，提高了学习兴趣。

书稿中有关《山东省建筑工程消耗量定额》的原有内容以宋体字表示，用楷体字加以阐述、说明和举例。

本书适用于工程造价的初学者和有一定工程造价工作经历的人员使用，也可作为专业人员查阅资料使用，还可作为大专院校工程造价专业的辅助教材或在校生的课外读物，也是一本较好的工程造价培训班教材。

张川编写了第一章、第二章、第三章、第五章、第十七章、第十八章并全书统稿。虞湛编写了第四章、第六章、第七章、第八章及辅助配图。杨影编写了第九章、第十章、第十九章、第二十章、第二十一章。贾毅、顾学良、马冲编写了第十一章至第十六章。

虞长华对该书进行了全面的审查、对比和论证。

由于本书编写时间短促，水平有限，虽查阅大量资料及各类设计规范和施工验收规范、标准、施工手册等，进行多次现场实际观察，并全面地进行审查、对比和论证，仍难免有不足之处，欢迎广大读者在学习中提出自己的意见和见解（可发邮箱至493721889@qq.com），共同研讨以求完善，不胜感谢。

# 目　　录

# 概　　论

## 第一节　建筑工程消耗量定额总说明

《山东省建筑工程消耗量定额》SD 01-31-2016 说明:

SD——定额地区的命名及编码(山东);

01——定额专业的命名及编码(房屋建筑与装饰工程);

3——定额用途及阶段的命名及编码(预算);

1——定额形式的命名及编码(消耗量定额);

2016——定额发行年份。

消耗量定额的主要内容包括总说明、目录、各章说明及工程量计算规则、定额消耗量表组成。

总说明主要包括定额主要内容、适用范围、编制依据、主要问题的确定、共性问题等。

各章说明及工程量计算规则主要包括本章主要内容、适用范围、定额适用条件、使用注意事项等,以及工程量计算规则及注意事项。

定额消耗量表是消耗量定额的核心内容,包括工作内容、计量单位、定额编号、项目名称及各类消耗量的名称、规格、数量等。工作内容是说明完成定额项目所包括的施工内容;定额编号为三节编号,如人工场地平整的定额编号为 1-4-1;定额项目的计量单位一般为扩大一定倍数的单位,如人工场地平整的计量单位为 10m²。

一、《山东省建筑工程消耗量定额》SD 01-31-2016(以下简称"本定额"),包括土石方工程,地基处理与边坡支护工程,桩基础工程,砌筑工程,钢筋及混凝土工程,金属结构工程,木结构工程,门窗工程,屋面及防水工程,保温、隔热、防腐工程,楼地面装饰工程,墙、柱面装饰与隔断、幕墙工程,天棚工程,油漆、涂料及裱糊工程,其他装饰工程,构筑物及其他工程,脚手架工程,模板工程,施工运输工程,建筑施工增加共二十章。

二、本定额适用于山东省行政区域内的一般工业与民用建筑的新建、扩建和改建工程及新建装饰工程。

本定额适用于山东省行政区域内的一般工业与民用建筑的新建、扩建和改建工程及新建装饰工程。不适用于修缮和改造的建筑工程。

三、本定额是完成规定计量单位分部分项工程所需的人工、材料、施工机械台班消耗量的标准,是编制招标标的(招标控制价)、施工图预算、确定工程造价的依据,以及编制概算定额、估算指标的基础。

消耗量定额是完成规定计量单位分部分项工程所需的人工、材料、施工机械台班的消耗量标准，它的作用主要有以下几个方面：

（1）是山东省建筑工程计价活动中工程量的计算、项目划分、计量单位的依据；

（2）是编制国有投资工程最高投标限价的依据；

（3）是编制国有投资工程投资估算、设计概算的依据；

（4）可作为制定企业定额的基础和投标报价的参考。

四、本定额以国家和有关部门发布的国家现行设计规范、施工验收规范、技术操作规程、质量评定标准、产品标准和安全操作规程，现行工程量清单计价规范、计算规范，并参考了有关地区和行业标准定额为依据编制的。

五、本定额是按照正常的施工条件，合理的施工工期、施工组织设计编制的，反映建筑行业平均水平。

消耗量定额按正常施工条件，山东省内大多数施工企业采用的施工方法、机械化程度和合理的劳动组织及工期进行编制的。定额未考虑特殊施工条件下所发生的人工、材料、机械等各类消耗量，如有发生可按批准的施工组织设计另行计算。

六、本定额中人工工日消耗量是以《全国建筑安装工程统一劳动定额》为基础计算的，人工每工日按8小时工作制计算，内容包括：基本用工、辅助用工、超运距用工及人工幅度差。人工工日不分工种、技术等级，以综合工日表示。

人工工日不分工种、技术等级，以综合工日表示，因现场都是由劳务公司提供，故编写定额时按照综合工日考虑。

（1）基本用工：是以劳动定额或施工记录为基础，按照相应的工序内容进行计算的用工数量。

（2）超运距用工：是指定额取定的材料、成品、半成品的水平运距超过施工定额（或劳动定额）规定的运距所增加的用工。

（3）辅助用工：是指为保证基本工作的顺利进行所必需的辅助性工作所消耗的用工。

（4）人工幅度差：是指工种之间的工序搭接，不可避免的停歇时间，施工机械在场内变换位置及施工中移动临时水、电线路引起的临时停水、停电所发生的不可避免的间歇时间，施工中水、电维修用工，隐蔽工程验收、质量检查掘开及修复的时间，现场内操作地点转移影响的操作时间，施工过程中不可避免的少量零星用工。

七、本定额中材料（包括成品、半成品、零配件等）是按施工中采用的符合质量标准和设计要求的合格产品确定的，主要包括：

（一）本定额中的材料包括施工中消耗量的主要材料、辅助材料和周转性材料。

（二）本定额中材料消耗量包括净用量和损耗量。损耗量包括：从工地仓库、现场集中堆放点（或现场加工点）至操作（或安装）点的施工场内运输损耗、施工操作损耗、施工现场堆放损耗等。

本定额中主要材料是以"（ ）"表示的，是指主要材料需按实际考虑的未计价材（含损耗量）；本定额中的周转性材料按不同施工方法，不同类别、材质，计算出摊销量进入消耗量定额；对于用量少、低值易耗的零星材料，定额编制时作了技术处理，不再体现。

（三）本定额中所有（各类）砂浆均按现场拌制考虑，若实际采用预拌砂浆时，各章定额项目按以下规定进行调整：

1. 使用预拌砂浆（干拌）的，除将定额中的现拌砂浆调换成预拌砂浆（干拌）外，另按相应定额中每立方米砂浆扣除人工 0.382 工日、增加预拌砂浆罐式搅拌机 0.041 台班，并扣除定额中灰浆搅拌机台班的数量。

2. 使用预拌砂浆（湿拌）的，除将定额中的现拌砂浆调换成预拌砂浆（湿拌）外，另按相应定额中每立方米砂浆扣除人工 0.58 工日，并扣除定额中灰浆搅拌机台班的数量。

八、本定额中机械消耗量

施工机械按照企业自有考虑，未考虑采用租赁方式。

（一）本定额中的机械按常用机械、合理机械配备和施工企业的机械化装备程度，并结合工程实际综合确定。

（二）本定额的机械台班消耗量是按正常机械施工功效并考虑机械幅度差综合确定，以不同种类的机械分别表示。

（三）除本定额项目中所列的小型机具外，其他单位价值 2000 元以内、使用年限在一年以内的不构成固定资产的施工机械，不列入机械台班消耗量，作为工具用具在企业管理费中考虑。

（四）大型机械安拆及场外运输，按《山东省建设工程费用项目组成及计算规则》中的有关规定计算。

九、本定额中的工作内容已说明了主要的施工工序，次要工序虽未说明，但均已包括在定额中。

本定额编制时，主要工序和次要工序的人工、材料、机械均已包含在定额内，不需另行计算次要工序的人工、材料、机械台班消耗量。

十、本定额注有"×××以内"或"×××以下"者均包括×××本身；"×××以外"或"×××以上"者则不包括×××本身。

"×××以内"或"×××以下"者均包括×××本身（即≤）；"×××以外"或"×××以上"者则不包括×××本身（即＞）

十一、凡本说明未尽事宜，详见各章说明。

## 第二节　建设费用项目组成与计算规则

（一）根据住房城乡建设部、财政部关于印发《建筑安装工程费用项目组成》的通知（建标〔2013〕44 号），为统一山东省建设工程费用项目组成、计价程序并发布相应费率，制定本规则。

编制方法：依据《建筑安装工程费用项目组成》，结合山东省实际情况，形成费用项目组成框架及计算程序。选取典型工程以新版消耗量定额为计算依据，进行费率测算。

（二）本规则所称建设工程费用，是指一般工业与民用建筑工程的建筑、装饰、安装、市政、园林绿化等工程的建筑安装工程费用。

其他专业，如房屋修缮、市政养护维修等其他工程，不在这次的修编范围，因此本文没有涉及。

（三）本规则适用于山东省行政区域内一般工业与民用建筑工程的建筑、装饰、安装、市政、园林绿化工程的计价活动，与山东省现行建筑、装饰、安装、市政、园林绿化工程消耗量定额配套使用。

新定额与新费用以及新价目表配套使用，不得交叉。

（四）本规则涉及的建设工程计价活动包括编制招标控制价、投标报价和签订施工合同价以及确定工程结算等内容。

（五）规费中的社会保险费，按省政府鲁政发〔2016〕10号和省住建厅鲁建办字〔2016〕21号文件规定，在工程开工前由建设单位向建筑企业劳保机构交纳。规费中的建设项目工伤保险，按鲁人社发〔2015〕15号《关于转发人社部发〔2014〕103号文件明确建筑业参加工伤保险有关问题的通知》，在工程开工前向社会保险经办机构交纳。编制招标控制价、投标报价时，应包括社会保险费和建设项目工伤保险。编制竣工结算时，若已按规定交纳社会保险费和建设项目工伤保险，该费用仅作为计税基础，结算时不包括该费用；若未交纳社会保险费和建设项目工伤保险，结算时应包括该费用。

此处的社会保险费即原来的社会保障费，此次根据建标〔2013〕44号文以及山东省政府鲁政发〔2016〕10号文，将名称修改成了社会保险费，其包括内容基本不变。

建筑施工企业对相对固定的职工，应按用人单位参加工伤保险；对不能按用人单位参保、建筑项目使用的所有职工（包括总承包单位和依法分包的专业承包单位、劳务分包单位使用的农民工，但不包括已按用人单位参加工伤保险的职工），按建设项目参加工伤保险。按建设项目为单位参加工伤保险的，应在建设项目所在地参保。

（六）本规则中的费用计价程序是计算山东省建设工程费用的依据。其中，包括定额计价和工程量清单计价两种计价方式。

本书主要讲解定额计价方式。

（七）本规则中的费率是编制招标控制价的依据，也是其他计价活动的重要参考（其中规费、税金必须按规定计取，不得作为竞争性费用）。

（八）工程类别划分标准，是根据不同的单位工程，按其施工难易程度，结合山东省实际情况确定的。

（九）工程类别划分标准缺项时，拟定为Ⅰ类工程的项目由山东省工程造价管理机构核准；Ⅱ、Ⅲ类工程项目由市工程造价管理机构核准，并同时报省工程造价管理机构备案。

# 第一章 土石方工程

## 第一节 定额说明及解释

一、本章定额包括单独土石方、基础土方、基础石方、平整场地及其他四节。

二、土壤、岩石类别的划分。

此分类方法可操作性比较好。

本章土壤及岩石按普通土、坚土、松石、坚石分类，其具体分类见土壤分类表（表1-1）和岩石分类表（表1-2）。

**土壤分类表**　　　　　　　　　　　　　　　　　　　表1-1

| 定额分类 | 《房屋建筑与装饰工程工程量计算规范》GB 50854—2013分类 | | |
|---|---|---|---|
| | 土壤分类 | 土壤名称 | 开挖方法 |
| 普通土 | 一、二类土 | 粉土、砂土（粉砂、细砂、中砂、粗砂、砾砂）、粉质黏土、弱中盐渍土、软土（淤泥质土、泥炭、泥炭质土）、软塑红黏土、冲填土 | 用锹、少许用镐、条锄开挖；机械能全部直接铲挖满载者 |
| 坚土 | 三类土 | 黏土、碎石土（圆砾、角砾）混合土、可塑红黏土、硬塑红黏土、强盐渍土、素填土、压实填土 | 主要用镐、条锄，少许用锹开挖；机械需部分刨松方能铲挖满载者，或可直接铲挖但不能满载者 |
| | 四类土 | 碎石土（卵石、碎石、漂石、块石）、坚硬红黏土、超盐渍土、杂填土 | 全部用镐、条锄挖掘，少许用撬棍挖掘；机械须普遍刨松方能铲挖满载者 |

**岩石分类表**　　　　　　　　　　　　　　　　　　　表1-2

| 定额分类 | 《房屋建筑与装修工程工程量计算规范》GB 50854—2013分类 | | |
|---|---|---|---|
| | 岩石分类 | 代表性岩石 | 开挖方法 |
| 松石 | 极软岩 | 1. 全风化的各种岩石；<br>2. 各种半成岩 | 部分用手凿工具、部分用爆破法开挖 |
| | 软质岩　软岩 | 1. 强风化的坚硬岩或较硬岩；<br>2. 中等风化～强风化的较软岩；<br>3. 未风化～微风化的页岩、泥岩、泥质砂岩等 | 用风镐和爆破法开挖 |
| 坚石 | 软质岩　较软岩 | 1. 中等风化～强风化的坚硬岩或较硬岩；<br>2. 未风化～微风化的凝灰岩、千枚岩、泥灰岩、砂质泥岩等 | 用爆破法开挖 |
| | 硬质岩　较硬岩 | 1. 中风化的坚硬岩；<br>2. 未风化～微风化的大理岩、板岩、石灰岩、白云岩、钙质砂岩等 | 用爆破法开挖 |
| | 硬质岩　坚硬岩 | 未风化～微风化的花岗岩、闪长岩、辉绿岩、玄武岩、安山岩、片麻岩、石英岩、石英砂岩、硅质砾岩、硅质石灰岩等 | 用爆破法开挖 |

土壤的分类方法很多，部门不同，其分类方法也不同。在建筑工程中通常采用两种分类方法：一种是按土的坚硬程度，开挖难易程度，即通常所见的以普氏分类为标准。主要在工程概预算定额、劳动定额以及其他生产管理部门中，用于计算工程费用，考核生产效率，选择施工方法及确定配套机具等。另一种土壤及岩石的分类是按土的地质成因、颗粒组成或塑性指数及工程特性来划分，主要在勘察设计施工技术等部门中，用于土的定名，判别土的工程及力学性质，承载力及变形性等。

土壤的不同类型决定了土方工程施工的难易程度、施工方法、功效及工程成本。

三、干土、湿土、淤泥的划分。

1. 干土、湿土的划分。以地质勘测资料的地下常水位为准。地下常水位以上为干土，以下为湿土。

地下常水位的确定：由地质勘测资料提出或实际测定，凡在地下水位以下挖土，均按湿土计算。在同一槽内或坑内有干湿土时，应分别计算工程量，但使用定额时仍须按槽坑全深计算，可按下述方法进行。

第①步：将同一槽坑内干湿土的体积分别计算出来。

第②步：将湿土乘以系数后加上干土的体积按该槽坑的全深计算。

地表水排出后，土壤含水率≥25％时为湿土。

本条用以解决雨期自然降水排除（由冬雨期施工增加费解决）后的挖运湿土的问题。

含水率超过液限，土和水的混合物呈现流动状态时为淤泥。

本条用以解决湿土、淤泥的划分问题。

温度在0℃及以下，并夹含有冰的土壤为冻土。本定额中的冻土，指短时冻土和季节冻土。

2. 土方子目按干土编制。

人工挖、运湿土时，相应子目人工乘以系数1.18；机械挖、运湿土时，相应子目人工、机械乘以系数1.15。采取降水措施后，人工挖、运土相应子目人工乘以系数1.09，机械挖、运土不再乘系数。

本条规定挖湿土、运湿土都要乘以上列系数。挖湿土时，由于湿土粘附挖掘运输等工具，主要考虑土壤含水率仍比天然含水率高，施工困难等因素，故需要在定额套用时将相应定额子目乘以系数。

四、单独土石方、基础土石方的划分

本章第一节单独土石方子目，适用于自然地坪与设计室外地坪之间、挖方或填方工程量>5000m³ 的土石方工程；且同时适用于建筑、安装、市政、园林绿化、修缮等工程中的单独土石方工程。

本章除第一节外，均为基础土石方子目，适用于设计室外地坪以下的基础土石方工程，以及自然地坪与设计室外地坪之间、挖方或填方工程量≤5000m³ 的土石方工程。

单独土石方子目不能满足施工需要时，可以借用基础土石方子目，但应乘以系数0.90。

单独土石方项目，是指土地准备阶段为使施工现场达到设计室外标高所进行的（三通一平中）挖、填土石方工程。挖方或填方工程量>5000m³ 是指挖方或者填方数量，不是挖方和填方的合计数量。

主要考虑单独土石方工作量大、工作面宽、工作效率高等因素，借用基础土石方定额项目故乘以小于1的系数。

五、沟槽、地坑、一般土石方的划分。

底宽（设计图示垫层或基础的底宽，下同）≤3m，且底长＞3倍底宽为沟槽。

一般情况下，条形基础和地下管线的土石方为沟槽。

坑底面积≤20m²且底长≤3倍底宽为地坑。

底坑界定需同时满足"且"，一般情况下，独立基础的土石方为地坑。

超出上述范围，又非平整场地的，为一般土石方。（划分原则同《建设工程劳动定额》LD/T 72.1～11—2008，注意：是以设计图示垫层或基础的底宽，均不包括工作面的宽度）

六、小型挖掘机，系指斗容量≤0.30m³的挖掘机，适用于基础（含垫层）底宽≤1.20m的沟槽土方工程或底面积≤8m²的地坑土方工程。

七、下列土石方工程，执行相应子目时乘以系数。

1. 人工挖一般土方、沟槽土方、基坑土方，6m＜深度≤7m时，按深度≤6m相应子目人工乘以系数1.25；7m＜深度≤8m时，按深度≤6m相应子目人工乘以系数$1.25^2$；以此类推。

此条说明是指人工基础土方。定额中坚土最大深度为6m，当6m＜深度≤7m时，人工综合工日×1.25；当7m＜深度≤8m时，人工综合工日×$1.25^2$；当8m＜深度≤9m时，人工综合工日×$1.25^3$。

2. 挡土板下人工挖槽坑时，相应子目人工乘以系数1.43。

此条说明是指人工基础土方相关子目。

以1-2-9为例换算方法为：人工综合工日含量为8.04×1.43＝11.50

3. 桩间挖土不扣除桩体和空孔所占体积，相应子目人工、机械乘以系数1.50。

桩间挖土，系指桩承台外缘向外1.20m范围内、桩顶设计标高以上1.20m（不足时按实计算）至基础（含垫层）底的挖土；但相邻桩承台外缘间距离≤4.00m时，其间（竖向同上）的挖土全部为桩间挖土。

施工场地经打桩后，由于土壤被挤压密实，增加挖土难度，同时也与挖土方定额规定的施工条件不相符合，在挖桩间土时，需要躲着桩进行施工作业，存在降效问题，在挖土靠近桩顶时，人工、机械效率降低，特别是实际施工时，桩顶不在一个标高上，这给挖土带来一定的困难。

以1-2-43为例换算方法为：

| 人工 | 综合工日 | 0.06×1.50＝0.09（工日） |
| 机械 | 履带式单斗挖掘机（液压）1m³ | 0.0200×1.50＝0.03（台班） |
| | 履带式推土机75kW | 0.0020×1.50＝0.003（台班） |

4. 在强夯后的地基上挖土方和基底钎探，相应子目人工、机械乘以系数1.15。

施工场地经强夯后，由于土壤被挤压密实，增加挖土难度，同时也与挖土方定额规定的施工条件不相符合。

以1-2-43为例换算方法为：

| 人工 | 综合工日 | 0.06×1.15＝0.069（工日） |
|---|---|---|
| 机械 | 履带式单斗挖掘机（液压）1m³ | 0.0200×1.15＝0.023（台班） |
|  | 履带式推土机75kW | 0.0020×1.15＝0.0023（台班） |

5. 满堂基础垫层底以下局部加深的槽坑，按槽坑相应规则计算工程量，相应子目人工、机械乘以系数1.25。

局部加深的槽坑与单独挖槽坑工艺相同。注意是满堂基础垫层底以下局部加深的部分，如基坑、下柱墩和独立基础下卧等做法，换算方法同上。

6. 人工清理修整，系指机械挖土后，对于基底和边坡遗留厚度≤0.30m的土方，由人工进行的基底清理与边坡修整。

机械挖土以及机械挖土后的人工清理修整，按机械挖土相应规则一并计算挖方总量。其中，机械挖土按挖方总量执行相应子目，乘以表1-3规定的系数；人工清理修整，按挖方总量执行表1-3中规定的子目并乘以相应系数。

**机械挖土及人工清理修整系数**  表1-3

| 基础类型 | 机械挖土 | | 人工清理修整 | |
|---|---|---|---|---|
|  | 执行子目 | 系数 | 执行子目 | 系数 |
| 一般土方 | 相应子目 | 0.95 | 1-2-3 | 0.063 |
| 沟槽土方 |  | 0.90 | 1-2-8 | 0.125 |
| 地坑土方 |  | 0.85 | 1-2-13 | 0.188 |

注：人工挖土方，不计算人工清底修边。

本章上述规定，如两个施工单位之间分别施工时，单位的界限清楚，而且工程量计算简便，因该执行的定额子目明确。

如基础类型为一般土方时挖方总量为V：机械挖土＝挖方总量V×0.95；人工清理修整＝挖方总量V×0.063。

按照设计要求，无论是机械挖土，还是人工挖土，作为地基的土层持力层是不允许随意扰动基地土的原状结构（采用机械开挖基坑时，为避免破坏基底土，应在基底标高以上预留200～300mm厚土层人工挖除）。在机械土石方的同一种作业方式中，选择一种常用机械作为计价工具，是本章机械土石方子目的设项原则（这种设项方式能够有效地精炼定额内容，缩短定额的雷同子目；能够提高定额在施工现场条件下的可操作性，减少现场签证的量度和难度，避免施工过程中的不必要争议；与定额作为计价工具的特征相吻合）。

工程挖土方由甲方单独发包，人工清理槽底边坡及回填土是由总包单位施工，人工清理槽底边坡及回填土均按定额计算规则计算，但由于前期分包企业机械挖土放坡小于定额规定放坡系数时，增加的挖方量按实计算。反之，由于分包企业超挖而增加的回填土方量，总包企业仍可按实计算。

7. 推土机推运土（不含平整场地）、装载机装运土土层平均厚度≤0.30m时，相应子目人工、机械乘以系数1.25。

当土层平均厚度≤0.30m时，工作效率降低，不能达到定额规定的正常情况下的台班产量，故须进行定额换算。

8. 挖掘机挖筑、维护、挖掘施工坡道（施工坡道斜面以下）土方，相应子目人工、机械乘以系数 1.50。

因施工坡道对施工降效有影响，由于场地狭窄，打乱施工组织需要采用二次施工，故须乘以大于 1 的系数。

9. 挖掘机在垫板上作业时，相应子目人工、机械乘以系数 1.25。挖掘机下铺设垫板、汽车运输道路上铺设材料时，其人工、材料、机械按实另计。

因在垫板上作业时对施工降效有影响，由于需要人工的配合，故须乘以大于 1 的系数。

10. 场区（含地下室顶板以上）回填，相应子目人工、机械乘以系数 0.90。

回填也需要压实，也有相应的质量要求，但施工难度小于换填，故须乘以小于 1 的系数。

八、土石方运输。

1. 本章土石方运输，按施工现场范围内运输编制。在施工现场范围之外的市政道路上运输，不适用本定额。弃土外运以及弃土处理等其他费用，按各地市有关规定执行。

汽车在城市市政道路上行驶，无论道路的平整度、开阔度、弯曲度、道路标识等各个方面，都与施工现场内的道路条件大不相同。只要汽车按相关规定洁净出场、规范覆盖，与运输其他货物基本没有区别。因此，自卸汽车、拖拉机运输子目，本章设置了基本运距 ≤1km 和每增加 1km（含 1km 以内）两个子目，虽未设定运距上限，但仅限于施工现场范围内增加运距。弃土外运、以及弃土处理等其他费用，按各地的有关规定执行。

2. 土石方运输的运距上限，是根据合理的施工组织设计设置的。超出运距上限的土石方运输，不适用本定额。自卸汽车、拖拉机运输土石方子目，定额虽未设定运距上限，但仅限于施工现场范围内增加运距。

运输方式的运距上限：人工为 100m，人力车为 200m，装载机为 100m，推土机为 100m，铲运机为 500m，机动翻斗车为 500m。土石方运输的运距上限是根据合理的施工组织设计设置的。超出运距上限的土石方运输，应另行采用更为合理（经济）的施工组织设计或施工方案。

3. 土石方运距，按挖土区重心至填方区（或堆放区）重心间的最短运输距离计算。

指挖（填）方区各部分因受重力而产生的合力，这个合力的作用点叫做挖（填）方区重心。按挖土区重心至填方区（或堆放区）重心间的最短距离计算。

4. 人工、人力车、汽车的负载上坡（坡度 ≤15%）降效因素已综合在相应运输子目中，不另计算。推土机、装载机、铲运机负载上坡时，其降效因素按坡道斜长乘以表 1-4 规定的系数计算。

负载上坡降效系数 表 1-4

| 坡度（%） | ≤10 | ≤15 | ≤20 | ≤25 |
|---|---|---|---|---|
| 系数 | 1.75 | 2.00 | 2.25 | 2.5 |

劳动定额在确定汽车运输台班产量时已考虑上坡降效因素。而对于人力车，从减少体力消耗和施工安全，在确定产量定额时也已考虑适宜的人力推运坡度。

从影响推土机、装载机、铲运机作业效率的因素来看与上坡和填筑路的高度有关。

负载上坡乘以运距系数，是指增加坡道斜长部分。

【例】计算铲运机运土重车上坡运距，如图1-1所示。

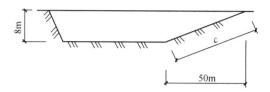

图1-1　铲运机上坡示意图

$$C=\sqrt{8^2+50^2}=50.6\ (\text{m})$$

坡度系数：8/50×100％＝16％（大于15％，小于20％，故采用系数2.25）

上坡运距计算：$C×2.25=50.6×2.25=114\ (\text{m})$

九、平整场地，系指建筑物（构筑物）所在现场厚度在±30cm以内的就地挖、填及平整。挖填土方厚度超过30cm时，全部厚度按一般土方相应规定另行计算，但仍应计算平整场地。

即使场地已达"三通一平"状态，仍需计取此项。即任何情况下，总包单位均应全额计算一次平整场地，因为为了施工放线服务，挖土单位只粗略进行放线，总包单位需要进行抄平和放线，故总包需计算此费用。

十、竣工清理，系指建筑物（构筑物）内、外围四周2m范围内建筑垃圾的清理、场内运输和场内指定地点的集中堆放，建筑物（构筑物）竣工验收前的清理、清洁等工作内容。

在任何情况下，总包单位均应全额计算一次竣工清理。其中每个子目中只包含简单的清理。竣工验收前，总包单位需要进行全面清理。

十一、定额中的砂，为符合规范要求的过筛净砂，包括配制各种砂浆、混凝土时的操作损耗。毛砂过筛，系指来自砂场的毛砂进入施工现场后的过筛。

砌筑砂浆、抹灰砂浆等各种砂浆以外的混凝土及其他用砂，不计算过筛用工。

来自砂场的毛砂因粒径、杂质以及含泥量的原因，需要现场进行过筛。

十二、基础（地下室）周边回填材料时，按本定额"第二章　地基处理与边坡支护工程"相应子目，人工、机械乘以系数0.90。

回填也需要压实，也有相应的质量要求，但施工难度小于换填，故须乘以小于1的系数。本定额"第二章　地基处理与边坡支护工程"相应子目指第二节填料加固相应子目。

十三、本章不包括施工现场障碍物消除、边坡支护、地表水排除以及地下常水位以下施工降水等内容，实际发生时，另按其他章节相应规定计算。

## 第二节　工程量计算规则

一、土石方开挖，运输，均按开挖前的天然密实体积计算。土方回填，按回填后的竣工体积计算。不同状态的土石方体积，按表1-5换算。

定额中的虚土是指经挖动后的土；天然密实土是指未经挖（扰）动的自然土；夯实土是指按规范要求经过分层碾压、夯实的土；松填土是指挖出的自然土，自然堆放未经夯实填在槽、坑中的土。

土方回填时，若所有回填均为夯填，应折算为天然密实体积。则夯填体积为1，需要天然密实体积为1.15，松填体积为1.25，虚方体积为1.5。如表1-5所示，其中（ ）内为推导计算公式。

土石方体积换算系数　　　　　　　　表1-5

| 名称 | 虚方 | 松填 | 天然密实 | 夯填 |
|---|---|---|---|---|
| 土方 | 1.00（0.67×1.5） | 0.83（0.67×1.25） | 0.77（0.67×1.15） | 0.67（1.00÷1.5） |
| | 1.20（0.80×1.5） | 1.00（0.80×1.25） | 0.92（0.80×1.15） | 0.80（1.00÷1.25） |
| | 1.30（0.87×1.5） | 1.08（0.87×1.25） | 1.00（0.87×1.15） | 0.87（1.00÷1.15） |
| | 1.50（1.00×1.5） | 1.25（1.00×1.25） | 1.15（1.00×1.15） | 1.00 |
| 石方 | 1.00（0.65×1.54） | 0.85（0.65×1.31） | 0.65（1÷1.54） | — |
| | 1.18（0.76×1.54） | 1.00（0.76×1.31） | 0.76（1÷1.31） | — |
| | 1.54（1.00×1.54） | 1.31（1.00×1.31） | 1.00 | — |
| 块石 | 1.75 | 1.43 | 1.00 | （码方）1.67 |
| 砂夹石 | 1.07 | 0.94 | 1.00 | — |

二、自然地坪与设计室外地坪之间的单独土石方，依据设计土方竖向布置图，以体积计算。

表示地形高差一般以地形图（同高差的标高以闭合连线相连，标出每条连线的标高，以平面图表示）和竖向布置剖面图（在地形起伏变化的位置剖出剖面，在同一剖面上表示出不同的标高）；地形起伏不大时，可用地形图划分方格网，用方格网计算；其他则用竖向布置图，采用横断面法、边坡法计算。

三、基础土石方的开挖深度，按基础（含垫层）底标高至设计室外地坪之间的高度计算。交付施工场地标高与设计室外地坪不同时，应按交付施工场地标高计算。

交付施工场地标高即自然地坪标高。基础土石方项目（含平整场地及其他），是指设计室外地坪以下、为实施基础施工所进行的土石方工程。

注意：当垫层上面有防水做法或者垫层下有聚苯板时，需要增加相关防水做法厚度或聚苯板的板厚厚度。

例如做法采用：防水混凝土底板；50厚C20细石混凝土保护层；卷材防水层；20厚1:2.5水泥砂浆找平层；C15混凝土垫层100厚；素土夯实。

岩石爆破时，基础石方的开挖深度还应包括岩石爆破的允许超挖深度。

基础石方爆破时，槽坑四周及底部的允许超挖量，设计、施工组织设计无规定时，按松石为0.20m、坚石为0.15m计算。

四、基础施工的工作面宽度，按设计规定计算；设计无规定时，按施工组织设计（经过批准，下同）规定计算；设计、施工组织设计均无规定时，自基础（含垫层）外沿向外，按下列规定计算。

在基础较深较小的情况下，所挖槽坑也会深而狭窄，此时基础施工时操作人员无法施展手脚，或某些机具在下面工作受阻力，这时就需要适当的增加施工区域空间。直接操作和活动地点的场所称之为工作面，是为了满足工人施工及模板支撑必须保证的操作宽度。

1. 基础材料不同或做法不同时，其工作面宽度按表1-6计算。

| 基础材料 | 单边工作面宽度（mm） |
|---|---|
| 砖基础 | 200 |
| 毛石、方整石基础 | 250 |
| 混凝土基础（支模板） | 400 |
| 混凝土基础垫层（支模板） | 150 |
| 基础垂直面做砂浆防潮层 | 400（自防潮层外表面） |
| 基础垂直面做防水层或防腐层 | 1000（自防水、防腐层外表面） |
| 支挡土板 | 100（在上述宽度外另加） |

基础施工单面工作面宽度计算      表 1-6

注：在计算挖土时，应考虑砖胎膜增加工作面而产生挖土方量增大的情况（经过批准施工组织设计）。

2. 基础施工需要搭设脚手架时，其工作面宽度，条形基础按 1.50m 计算（只计算一面），如图 1-2 所示；独立基础按 0.45m 计算（四面均计算），如图 1-3 所示。

条形基础脚手架根据落地双排钢管外脚手架的宽度而得来，如图 1-2 所示。

独立基础脚手架根据独立柱的脚手架的宽度 0.45×2×4＝3.6（m）而得来，如图 1-3 所示。

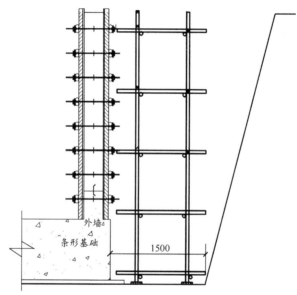

图 1-2　条形基础工作面示意图

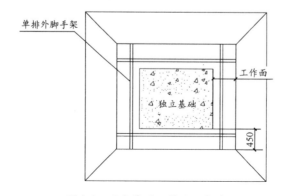

图 1-3　独立基础工作面示意图

3. 基坑土方大开挖需做边坡支护时，其工作面宽度均按 2.00m 计算。

在做边坡支护时，考虑施工脚手架以及工人操作中所产生的工作面，如图 1-4 所示。

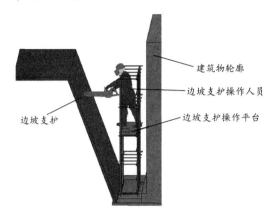

图 1-4　边坡支护工作面示意图

4. 基坑内施工各种桩时，其工作面宽度均按 2.00m 计算。

根据桩基的工作面得来，例如桩基施工机械的移动所产生的工作面。

5. 管道施工的工作面宽度按表 1-7 计算。

管道施工单面工作面宽度计算　　　　　　　　表 1-7

| 管道材料 | 管道基础宽度（无基础时指管道外径）（mm） | | | |
|---|---|---|---|---|
| | ≤500 | ≤1000 | ≤2500 | >2500 |
| 混凝土管、水泥管 | 400 | 500 | 600 | 700 |
| 其他管道 | 300 | 400 | 500 | 600 |

工作面宽度的含义：

① 构成基础的各个台阶（各种材料），均应按下列相应规定，满足其各自工作面宽度的要求。

各个台阶的单边工作面宽度，均指在台阶底坪高程上、台阶外边线至土方边坡之间的水平宽度，如图 1-5 所示中的 $C1$、$C2$、$C3$。

② 基础的工作面宽度，是指基础的各个台阶（各种材料）要求的工作面宽度的"最大者"（使得土方边坡最外者），如图 1-5 所示。

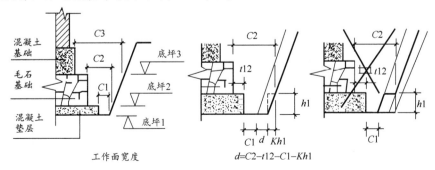

图 1-5　工作面宽度示意图

13

③ 在考查基础上一个台阶的工作面宽度时，要考虑到由于下一个台阶的厚度所带来的土方放坡宽度（$Kh1$），即以垫层上平为"最大者"，如图 1-5 所示。

④ 土方的每一面边坡（含直坡），均应为连续坡（边坡上不出现错台），如图 1-5 所示。

五、基础土方放坡。

石方不存在放坡。

放坡即为了防止土壁崩塌，保持边坡的稳定，这时需要加大挖土上口宽度，使挖土面保持一定的坡度。土壁的稳定与土壤类别、含水量和挖土深度有关。

1. 土方放坡的起点深度和放坡坡度、设计、施工组织设计无规定时，按表 1-8 计算。

土方放坡的起点深度和放坡坡度                              表 1-8

| 土壤类别 | 起点深度（＞m） | 放坡坡度 | | | |
|---|---|---|---|---|---|
| | | 人工挖土 | 机械挖土 | | |
| | | | 基坑内作业 | 基坑上作业 | 槽坑上作业 |
| 普通土 | 1.20 | 1：0.50 | 1：0.33 | 1：0.75 | 1：0.50 |
| 坚土 | 1.70 | 1：0.30 | 1：0.20 | 1：0.50 | 1：0.30 |

机械开挖土方，从设计室外地坪算起至基础底，机械一直在室外地坪上作业（不下坑），为坑上作业；反之，机械一直在坑内作业，并设有机械上下坡道（或采用其他措施运送机械），为坑内作业；开始挖时没有形成坑，机械在室外地坪上作业，但继续作业时，机械随坑加深移至坑内，也为坑内作业挖沟槽。如按退挖方式施工时，应按坑内作业考虑。

机械挖土中的槽坑上作业与前面的小型挖掘机相对应使用。

土壁边坡坡度以放坡高度与放坡宽度之比表示，如图 1-6 所示。

边坡坡度＝1：$m$＝放坡高度/放坡宽度，$m$ 为放坡系数。$m$＝放坡宽度/放坡高度，即土壁边坡坡度的放坡宽度与放坡高度之比。

2. 基础土方放坡，自基础（含垫层）底标高算起，如图 1-7 所示。

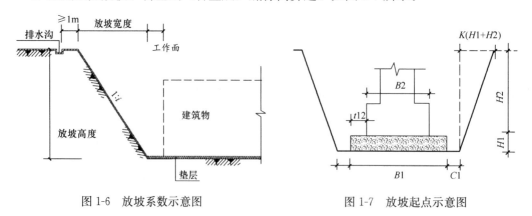

图 1-6　放坡系数示意图　　　　　　图 1-7　放坡起点示意图

根据施工现场土方开挖的实际情况，同时为了简化计算，故基础土方放坡，自基础（含垫层）底标高算起。

土方开挖实际未放坡或实际放坡小于本章相应规定时，仍应按规定的放坡系数计算土方工程量。

3. 混合土质的基础土方，其放坡的起点深度和放坡系数，按不同土类厚度加权平均计算。

混合土质的综合放坡系数（数值在 $1:0.50\sim1:0.30$ 之间），其计算公式为：
$$K = (K1\times H1 + K2\times H2)/H$$

式中　$K$——综合放坡系数（取值在普通土和坚土之间）；

$K1$、$K2$——分别为不同土质的放坡系数；

$H$——槽坑放坡总深度；

$H1$、$H2$——分别为不同土质的放坡深度。

4. 计算基础土方放坡时，不扣除放坡交叉处的重复工程量，如图 1-8 所示。

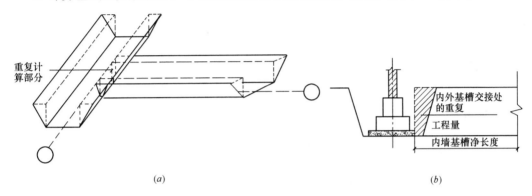

$(a)$ $\qquad\qquad\qquad\qquad\qquad\qquad\qquad\qquad$ $(b)$

图 1-8　放坡交叉处重复工程量示意图

$(a)$ 三维图；$(b)$ 剖面图

5. 基础土方支挡土板时，土方放坡不另计算。

六、基础石方爆破时，槽坑四周及底部的允许超挖量，设计、施工组织设计无规定时，按松石 0.20m、坚石 0.15m 计算。

七、沟槽土石方，按设计图示沟槽长度乘以沟槽断面面积，以体积计算。

等坡沟槽土方体积的计算公式，如下：

设　$B$ 为设计图示条形基础（含垫层）的宽度（m）；$C$ 为基础（含垫层）工作面宽度（m）；$H$ 为沟槽开挖深度（m）；$L$ 为沟槽长度（m）；$K$ 为土方综合放坡系数（等坡）；$V$ 为沟槽土方体积（m³）；则
$$V = (B + 2\times C + K\times H)\times H\times L$$

显然，$S = (B + 2\times C + K\times H)\times H$，是等坡沟槽倒梯形断面的断面面积。

若沟槽为混合土质，如图 1-9 所示。则
$$V_{坚} = (B + 2\times C + K\times H1)\times H1\times L$$
$$V_{普} = (B + 2\times C + 2K\times H1 + K\times H2)\times H2\times L$$

式中　$H1$——坚土深度（m）；

$H2$——普通土深度（m）。

1. 条形基础的沟槽长度，设计无规定时，按下列规定计算：

（1）外墙条形基础沟槽，按外墙中心线长度计算。

（2）内墙条形基础沟槽，按内墙条形基础的垫层（基础底坪）净长度计算，如图1-10所示。

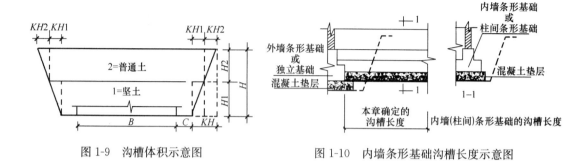

图 1-9　沟槽体积示意图　　　　图 1-10　内墙条形基础沟槽长度示意图

（3）框架间墙条形基础沟槽，按框架间墙条形基础的垫层（基础底坪）净长度计算，如图 1-10 所示。

（4）突出墙面的墙垛的沟槽，按墙垛突出墙面的中心线长度，并入相应工程量内计算。

2. 管道的沟槽长度，按设计规定计算；设计无规定时，以设计图示管道垫层（无垫层时，按管道）中心线长度（不扣除下口直径或边长≤1.5m的井池）计算。下口直径或边长＞1.5m的井池的土石方，另按地坑的相应规定计算。

3. 沟槽的断面面积，应包括工作面、土方放坡或石方允许超挖量的面积。

八、地坑土石方，按设计图示基础（含垫层）尺寸，另加工作面宽度、土方放坡宽度或石方允许超挖量乘以开挖深度，以体积计算，如图1-11所示。

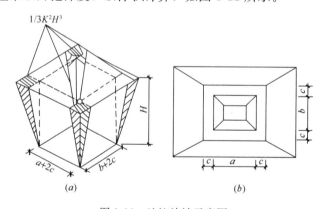

图 1-11　地坑放坡示意图
（a）放坡地坑透视图；（b）放坡地坑平面图

（1）矩形等坡地坑土方体积的最直观、最简单的计算公式，如下：

设 $a$ 为设计图示矩形基础（含垫层）长边的宽度（m）；$b$ 为设计图示矩形基础（含垫层）短边的宽度（m）；$c$ 为 矩形基础（含垫层）工作面宽度（m）；$H$ 为地坑开挖深度（m）；$K$ 为土方综合放坡系数（等坡）；$V$ 为地坑土方体积（m³）。则

$$V = (a+2 \times c + K \times H) \times (b+2 \times c + K \times H) \times H + 1/3 \times K^2 \times H^3 \qquad (1-1)$$

正方形（矩形的特殊情况）等坡地坑的土方体积，也可用棱台体积公式计算。圆形等

坡地坑的土方体积，可用圆锥体积公式计算（即上底为"0"）。

应用式（1-1）计算地坑土方体积，不仅计算结果准确，而且公式中的数据直接来自于施工图纸或工程量计算规则，不需要任何中间计算，计算过程简便。

（2）地坑的土方体积，也可以利用梯形体（两底平行、四个侧面均为梯形）的体积计算公式计算。即

$$V = 1/6[A_1 \times B_1 + (A_1 + A_2) \times (B_1 + B_2) + A_2 \times B_2] \times H \quad (1-2)$$

式中　$A_1$、$B_1$——分别为长方形地坑的下底（包括工作面、放坡等宽度）的两个挖土长度（m）；即 $A_1 = a + 2 \times c$，$B_1 = b + 2 \times c$，其中 $c$ 为矩形基础（含垫层）工作面宽度（m）；

　　　$A_2$、$B_2$——分别为长方形地坑的上底（包括工作面、放坡等宽度）的两个挖土长度（m）；即 $A_2 = a + 2 \times c + 2 \times K \times H$，$B_2 = b + 2 \times c + 2 \times K \times H$，其中 $c$ 为矩形基础（含垫层）工作面宽度（m）；

　　　$H$——地坑开挖深度（m）；

　　　$K$——土方综合放坡系数（等坡）；

　　　$V$——地坑土方体积（$m^3$）。

应用式（1-2）计算地坑土方体积，首先要计算出地坑上底的两个边长，然后才能利用公式，很显然这要比直接利用式（1-1）计算更繁琐。

（3）地坑的土方体积，还可以利用拟柱体（两底平行、棱的顶点都在两平行平面内）的体积计算公式计算。即

$$V = 1/6(S_上 + 4 \times S_中 + S_下) \times H \quad (1-3)$$

应用式（1-3）计算地坑土方体积，首先要计算出地坑上、中、下三个底面积才能利用公式，很显然，这比利用式（1-2）和式（1-1）计算更繁琐。

（4）矩形等坡地坑的土方体积，下列计算方法，理论上是错误的：

体积＝中截面面积×深度　　　　　　　　　　　少算 3% ～ 5%

体积＝（上底面积＋下底面积）/2×深度　　　　多算 6% ～ 10%

体积＝1/3[上底面积＋（上底面积×下底面积)1/2 ＋下底面积]×深度　　　　　　　　　　少算＜1‰

用棱台体积公式计算误差率很小，几乎接近于正确，但要首先计算出基坑上、下两个底面的面积才能利用公式。

九、一般土石方，按设计图示基础（含垫层）尺寸，另加工作面宽度、土方放坡宽度或石方允许超挖量乘以开挖深度，以体积计算。

例如，地下车库的土方，实际上就是一个坑底面积大于 $20m^2$ 的大地坑。因此，以上关于矩形等坡地坑的体积计算方法，均适用于矩形等坡的一般土方的体积计算。

机械施工坡道的土石方工程量，并入相应工程量内计算。

应按施工组织设计规定修筑，其土方工程合并在单项土方工程量内，同样按照相应规定进行计价。

十、桩孔土石方，按桩（含桩壁）设计断面面积乘以桩孔中心线深度，以体积计算。

十一、淤泥流砂，按设计或施工组织设计规定的位置、界限，以实际挖方体积计算。

淤泥指池塘、沼泽、水田及沟坑等排水后呈膏质状态的土壤，分黏性淤泥与不黏附工

具的砂性淤泥。流砂指含水饱和，因受地下水影响而呈流动状态的粉砂土、黏质粉土。

十二、岩石爆破后人工检底修边，按岩石爆破的规定尺寸（含工作面宽度和允许超挖量），以槽坑底面积计算。

因将其工作量按占坑底面积的一定比重、综合进了检底子目，形成了检底修边综合子目。因此，要以基坑底面积计算。

十三、建筑垃圾，以实际堆积体积计算。

十四、平整场地，按设计图示尺寸，以建筑物首层建筑面积（或构筑物首层结构外围内包面积）计算。

因平整场地子目中已综合考虑了建筑物周边外扩 2m 的人工或机械消耗。

建筑物（构筑物）地下室结构外边线突出首层结构外边线时，其突出部分的建筑面积（结构外围内包面积）合并计算。

建筑物首层外围，若计算 1/2 面积或不计算建筑面积的构造需要配置基础、且需要与主体结构同时施工时，计算了 1/2 面积的（如主体结构外的阳台、有柱混凝土雨篷等），应补齐全面积；不计算建筑面积的（如装饰性阳台等），应按其基准面积合并于首层建筑面积内，一并计算平整场地。

基准面积，是指同类构件计算建筑面积（含 1/2 面积）时所依据的面积。如主体结构外阳台的建筑面积，以其结构底板水平投影面积为基准，计算 1/2 面积，那么，配置基础的装饰性阳台也按其结构底板水平投影面积计算平整场地等。

十五、竣工清理，按设计图示尺寸，以建筑物（构筑物）结构外围内包的空间体积计算。

竣工清理，按设计图示尺寸，以建筑物（构筑物）结构外围（四周结构外围及屋面板顶坪）内包的空间体积计算。具体地说，建筑物内外，凡产生建筑垃圾的空间，均应按其全部空间体积计算竣工清理。这主要包括：

（1）建筑物按全面积计算建筑面积的建筑空间，如建筑物的自然层等，按下式计算，即

$$竣工清理 1 = \sum（建筑面积 \times 相应结构层高）$$

（2）建筑物按 1/2 面积计算建筑面积的建筑空间，如有顶盖的出入口坡道等，按下式计算，即

$$竣工清理 2 = \sum（建筑面积 \times 2 \times 相应结构层高）$$

（3）建筑物不计算建筑面积的建筑空间，如挑出宽度在 2.10m 以下的无柱雨篷，窗台与室内地面高差 $\geqslant 0.45m$ 的飘窗等，按下式计算，即

$$竣工清理 3 = \sum（基准面积 \times 相应结构层高）$$

（4）不能形成建筑空间的设计室外地坪以上的花坛、水池、围墙、屋面顶坪以上的装饰性花架、水箱、风机和冷却塔配套基础、信号收发柱塔（以上仅计算主体结构工程量）、道路、停车场、厂区铺装（以上仅计算面层工程量）等，应按其主要工程量乘以系数2.5，计算竣工清理。即

$$竣工清理 4 = \sum（主要工程量 \times 2.5）$$

$$建筑物竣工清理 = 竣工清理 1 + 竣工清理 2 + 竣工清理 3 + 竣工清理 4$$

（5）构筑物，如独立式烟囱、水塔、贮水（油）池、贮仓、筒仓等，应按建筑物竣工

清理的计算原则，计算竣工清理。

（6）建筑物（构筑物）设计室内外地坪以下不能计算建筑面积的工程内容，不计算竣工清理。

十六、基底钎探，按垫层（或基础）底面积计算。

本章按探眼布置的通常规律，测算了每定额单位的探眼数量。

十七、毛砂过筛，按砌筑砂浆、抹灰砂浆等各种砂浆用砂的定额消耗量之和计算。

例如定额子目 4-2-1 中混合砂浆 M5.0 中消耗量含量为 $1.0190\text{m}^3$，即为毛砂过筛计算量。

十八、原土夯实与碾压，按设计或施工组织设计规定的尺寸，以面积计算。

按设计或施工组织设计规定的尺寸，以面积计算。无规定时，不计算。

十九、回填，按下列规定，以体积计算：

1. 槽坑回填，按挖方体积减去设计室外地坪以下建筑物（构筑物）、基础（含垫层）的体积计算。

槽坑回填土体积＝挖土体积-设计室外地坪以下埋设的垫层、基础体积（也应包括筏板混凝土在聚苯板、垫层上面有防水做法时所占有的体积）

2. 管道沟槽回填，按挖方体积减去管道基础和表 1-9 管道折合回填体积计算。

管道折合回填体积（m³/m）　　　　　　　　　　表 1-9

| 管道公称直径（mm）内 | 500 | 600 | 800 | 1000 | 1200 | 1500 |
|---|---|---|---|---|---|---|
| 其他材质管道 | — | 0.22 | 0.46 | 0.74 | — | — |
| 混凝土、钢筋混凝土管道 | — | 0.33 | 0.60 | 0.92 | 1.15 | 1.45 |

管道公称直径因材料品种及管壁厚度不同而导致管道折合回填体积数值的不同。

以 1000 管其他材质管道为例：在每米回填体积中，须扣除 $0.74\text{m}^3$ 的管道体积。

管道沟槽回填体积 ＝ 挖土体积 － 管道回填体积（表 1-9）

3. 房心（含地下室内）回填，按主墙间净面积（扣除连续底面积＞2m² 的设备基础等面积）乘以平均回填厚度计算。

房心（含地下室内）回填体积 ＝ 房心面积 × 回填土设计厚度　　　（1-4）

4. 场区（含地下室顶板以上）回填，按回填面积乘以平均回填厚度计算。

场区（含地下室顶板以上）回填体积 ＝ 回填面积 × 平均回填厚度　　　（1-5）

二十、土方运输，按挖土总体积减去回填土（折合天然密实）总体积，以体积计算。

由于土石方开挖、运输，均按开挖前的天然密实体积计算。土方回填按回填后的竣工体积计算。因此式（1-5）中，回填土总体积应折算为天然密实体积。即

余土运输体积 ＝ 挖土总体积 － 回填土总体积

＝ 挖土总体积 － 回填土（折合天然密实）总体积　　　（1-6）

若所有回填均为夯填，则

余土运输体积 ＝ 挖土总体积 － 夯填土总体积 × 1.15　　　（1-7）

式（1-7）计算结果，为正值时，为余土外运；为负值时，为取土内运。

二十一、钻孔桩泥浆运输，按桩设计断面尺寸乘以桩孔中心线深度，以体积计算。

# 第二章　地基处理与边坡支护工程

## 第一节　定额说明及解释

一、本章定额包括地基处理、基坑与边坡支护、排水与降水三节。

二、地基处理。

1. 垫层。

人工级配砂石子目中的碎石，定额虽未给出碎石粒径，但碎石应按不同粒径级配（不同粒径混合的连续粒径）后，在进行铺设时，碎石最大粒径按规范要求不超过50mm。

天然级配砂石子目中的天然砂石是指直接挖出的砂石，一般用于垫层较厚或大体积铺设垫层的情况。

（1）机械碾压垫层定额适用于厂区道路垫层采用压路机械的情况。

因厂区道路施工时，工作面宽，工作效率高等因素，机械碾压人工含量比机械振动人工含量少。

（2）垫层定额按地面垫层编制。若为基础垫层，人工、机械分别乘以下列系数：条形基础1.05，独立基础1.10，满堂基础1.00。若为场区道路垫层，人工乘以系数0.9。

此说明中的垫层，指的是机械振动方式铺设的垫层，机械碾压垫层子目本就适用于厂区道路垫层，所以人工不需要乘以0.9。

基础垫层乘系数，主要考虑基础边角夯实与地面不同的因素。满堂基础施工面＞条形基础施工面＞独立基础施工面，故系数是根据难易程度考虑的。

定额未考虑筏板（防水板）混凝土在聚苯板上（防止防水板可能因为沉降引起开裂）的压实系数，当发生时需要根据当地造价管理部门相关规定调整。

抗水板下应设置易压缩材料形成软垫层，以使受力传递清晰，如果持力层为岩石等硬土层，基础沉降量小，基础与防水板之间的相互影响可以忽略，防水板不设软垫层是可以的。当持力层较软，地基沉降较大时，抗水板下不设软垫层，防水板与基础连在一起，其受力状态与筏板基础相类似，若设计时不考虑此不利影响，防水板可能会因承载力不足而开裂，丧失防水板的功能。

以定额子目2-1-28为例换算独立基础方法为：

| | | |
|---|---|---|
| 人工 | 综合工日 | 8.30×1.10＝9.13（工日） |
| 材料 | C15现浇混凝土碎石＜40mm | 10.1000m³ |
| | 水 | 3.7500m³ |
| 机械 | 混凝土振捣器 平板式 | 0.8260×1.10＝0.9086（台班） |

（3）在原土上打夯（碾压）者另按本定额"第一章　土石方工程"相应项目执行。垫层材料配合比与定额不同时，可以调整。

以定额子目2-1-1为例,将定额中3:7灰土换算为2:8灰土

人工　　综合工日　　　6.88工日

材料　　3:7灰土　　10.2000m³　换为　2:8灰土　10.2000m³（消耗量不变）

机械　　电动夯实机250N·m　0.4600台班

(4) 灰土垫层及填料加固夯填灰土就地取土时,应扣除灰土配比中的黏土,见表2-1。

灰土含量　　　　　　　　　　　　表2-1

| 项 目 | | | 灰土　计量单位：m³ | |
|---|---|---|---|---|
| | | | 2:8 | 3:7 |
| 名称 | | 单位 | 数量 | |
| 材料 | 石灰 | t | 0.1620 | 0.2430 |
| | 黏土 | m³ | 1.3100 | 1.1500 |
| | 水 | m³ | 0.2000 | 0.2000 |

注：表2-1中的黏土的含量为虚方。如3:7灰土垫层（2-1-1）用土用量为1.02×1.15（灰土中黏土的含量）×0.77（换算为天然密实系数）后为天然密实体积（用于计算运土）。

当采用就地取土时,灰土含量换算（将材料中的黏土含量修改成0）后,见表2-2。

灰土含量换算后　　　　　　　　　　表2-2

| 项 目 | | | 灰土　计量单位：m³ | |
|---|---|---|---|---|
| | | | 2:8 | 3:7 |
| 名称 | | 单位 | 数量 | |
| 材料 | 石灰 | t | 0.1620 | 0.2430 |
| | 黏土 | m³ | 1.3100×0=0 | 1.1500×0=0 |
| | 水 | m³ | 0.2000 | 0.2000 |

(5) 褥垫层套用本节相应项目。

褥垫层是CFG复合地基中解决地基不均匀的一种方法。本节相应项目指垫层相应的子目。

2. 填料加固定额用于软弱地基挖土后的换填材料加固工程。

填料加固指地基土的地耐力不能满足上部基础的荷载,需要加固地基土的情况。包括：将地基土挖出,换填加固材料,或在地基土上直接填料加固,以及抛石挤淤等。

(1) 填料加固与垫层的区分。

加固的换填材料与垫层,均处于建筑物与地基之间,均起传递荷载的作用。它们的不同之处在于：垫层平面尺寸比基础略大（一般≤200mm）,总是伴随着基础发生,总体厚度较填料加固小（一般≤500mm）,垫层与槽（坑）边有一定的间距（不呈满填状态）。

(2) 填料加固用于软弱地基整体或局部大开挖后的换填,其平面尺寸由建筑物地基的整体或局部尺寸、以及地基的承载能力决定,总体厚度较大（一般＞500mm）,一般呈满填状态。

3. 土工合成材料定额用于软弱地基加固工程。

根据实际施工需要,适用于厂区路基加固或调整渗透系数的基础工程设施。

4. 强夯。

(1) 强夯定额中每单位面积夯点数，指设计文件规定单位面积内的夯点数量，若设计文件中夯点数与定额不同时，采用内插法计算消耗量。

(2) 强夯的夯击击数系指强夯机械就位后，夯锤在同一夯点上下起落的次数（落锤高度应满足设计夯击能量的要求，否则按低锤满拍计算）。

(3) 强夯工程量应区别不同夯击能量和夯点密度，按设计图示夯击范围及夯击遍数分别计算。

强夯的定额执行和工程量计算，按下列步骤进行：

① 确定夯击能量。

$$夯击能量(kN \cdot m) = 重锤质量(t) \times 重锤落差(m) \times 10$$
$$（即重力势能 P = 质量 m \times 高度 h \times 重力加速度 g）$$

② 确定夯击密度。

$$夯击密度(夯点/100m^2) = 设计夯击范围内的夯点个数/夯击范围(m^2) \times 100 。$$

③ 确定夯击击数。

夯击击数系指强夯机械就位后，夯锤在同一夯点上下夯击的次数（落锤高度需满足设计夯击能量的要求，否则按低锤满拍计算）。

举例说明：如果设计要求落锤的高度不低于 8m，实际施工时落锤高度只有 7.5m，那就不能按照强夯项目执行定额，只能是按照低锤满拍项目执行。

强调：因点夯一般都不是一遍成活，需根据设计文件或批准的施工方案的遍数，每遍均计算工程量，但是出现上述落锤高度不满足的情况，只能套用一遍低锤满拍。

④ 低锤满拍工程量 = 设计夯击范围。

5. 注浆地基。

(1) 注浆地基所用的浆体材料用量与定额不同时可以调整。

(2) 注浆定额中注浆管消耗量为摊销量，若为一次性使用，按实际用量进行调整。废泥浆处理及外运套用本定额"第一章 土石方工程"相应项目。

指定额子目 2-1-76 中注浆管消耗量为摊销量，若为一次性使用，按实际用量进行调整，按照千克进行计算。

6. 支护桩。

(1) 桩基施工前场地平整、压实地表、地下障碍物处理等，定额均未考虑，发生时另行计算。

(2) 探桩位已综合考虑在各类桩基定额内，不另行计算。

(3) 支护桩已包括桩体充盈部分的消耗量。其中灌注砂、石桩还包括级配密实的消耗量。

桩体充盈部分是由于灌注材料的重力作用，对桩孔侧壁产生压力，侧壁挤压变形后的桩体积与设计桩体积相比，灌注材料增加的部分。

(4) 深层水泥搅拌桩定额已综合了正常施工工艺需要的重复喷浆（粉）和搅拌。空搅部分按相应定额的人工及搅拌桩机台班乘以系数 0.5 计算。

(5) 水泥搅拌桩定额按不掺添加剂（如石膏粉、木质素硫酸钙、硅酸钠等）编制，如设计有要求，定额应按设计要求增加添加剂材料费，其余不变。

(6) 深层水泥搅拌桩定额按 1 喷 2 搅施工编制，实际施工为 2 喷 4 搅时，定额的人工、机械乘以系数 1.43；2 喷 2 搅、4 喷 4 搅分别按 1 喷 2 搅、2 喷 4 搅计算。

（7）三轴水泥搅拌桩的水泥掺入量按加固土重（1800kg/m³）的 18％考虑，如设计不同时按深层水泥搅拌桩每增减 1％定额计算；三轴水泥搅拌桩定额按 2 搅 2 喷施工工艺考虑，设计不同时，每增（减）1 搅 1 喷按相应定额人工和机械费增（减）40％计算。空搅部分按相应定额的人工及搅拌桩机台班乘以系数 0.5 计算。

（8）三轴水泥搅拌桩设计要求全断面套打时，相应定额的人工及机械乘以系数 1.5，其余不变。

（9）高压旋喷桩定额已综合接头处的复喷工料；高压旋喷桩中设计水泥用量与定额不同时可以调整。

（10）打、拔钢板桩，定额仅考虑打、拔施工费用，未包含钢工具桩制作、除锈和刷油，实际发生时另行计算。打、拔槽钢或钢轨，其机械用量乘以系数 0.77。

（11）钢工具桩在桩位半径≤15m 内移动、起吊和就位，已包括在打桩子目中。桩位半径＞15m 时的场内运输按构件运输≤1km 子目的相应规定计算。

（12）单位（群体）工程打桩工程量少于表 2-3，相应定额的打桩人工及机械乘以系数 1.25。

打桩工程量　　　　　　　　　　　　　　　　　　表 2-3

| 桩类 | 工程量 |
| --- | --- |
| 碎石桩、砂石桩 | 60m³ |
| 钢板桩 | 50t |
| 水泥搅拌桩 | 100m³ |
| 高压旋喷桩 | 100m³ |

因工程量少，对人员与相应的机械不会减少，而且不方便大面积施工，故需要进行调整。

（13）打桩工程按陆地打垂直桩编制。设计要求打斜桩时，斜度≤1∶6 时，相应定额人工、机械乘以系数 1.25；斜度＞1∶6 时，相应定额人工、机械乘以系数 1.43。

（14）桩间补桩或在地槽（坑）中及强夯后的地基上打桩时，相应定额人工、机械乘以系数 1.15。

（15）单独打试桩、锚桩，按相应定额的打桩人工及机械乘以系数 1.5。

三、基坑与边坡支护。

1. 挡土板定额分为疏板和密板。疏板是指间隔支挡土板，且板间净空≤150cm 的情况，如图 2-1 所示；密板是指满堂支挡土板或板间净空≤30cm 的情况，如图 2-2 所示。

2. 钢支撑仅适用于基坑开挖的大型支撑安装、拆除。

3. 土钉与锚喷联合支护的工作平台套用本定额"第十七章　脚手架工程"相应项目。锚杆的制作与安装套用本定额"第五章　钢筋及混凝土工程"相应项目，如图 2-3、图2-4所示。

工作平台指脚手架。

4. 地下连续墙适用于黏土、砂土及冲填土等软土层；导墙土方的运输、回填，套用本定额"第一章　土石方工程"相应项目；废泥浆处理及外运套用本定额"第一章　土石方工程"相应项目；本章钢筋加工套用本定额"第五章　钢筋及混凝土工程"相应项目。

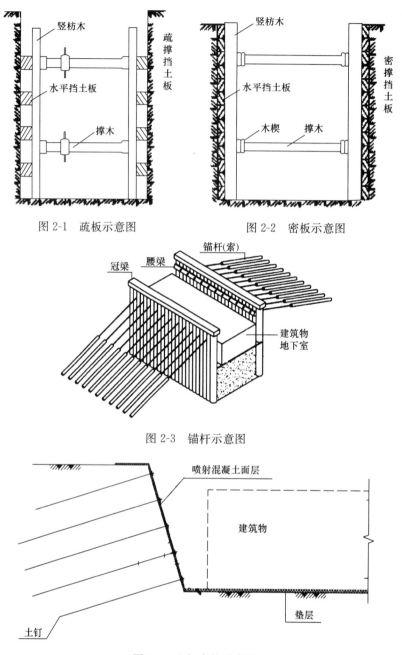

图 2-1　疏板示意图　　　　　图 2-2　密板示意图

图 2-3　锚杆示意图

图 2-4　土钉支护示意图

地下连续墙是以专门的挖槽设备，沿着深基或地下构筑物周边，采用泥浆护壁，按设计的宽度、长度和深度开挖沟槽，待槽段形成后，在槽内设置钢筋笼，采用导管法浇筑混凝土，筑成一个单元槽段的混凝土墙体。依次继续挖槽、浇筑施工，并以某种接头方式将相邻单元槽段墙体连接起来形成一道连续的地下钢筋混凝土墙或帷幕，以作为防渗、挡土、承重的地下墙体结构。

四、排水与降水。

1. 抽水机集水井排水定额，以每台抽水机工作 24h 为一台日。

2. 井点降水分为轻型井点、喷射井点、大口径井点、水平井点、电渗井点和射流泵井点。井管间距应根据地质条件和施工降水要求，依据设计文件或施工组织设计确定。设计无规定时，可按轻型井点管距 0.8~1.6m，喷射井点管距 2~3m 确定。井点设备使用套的组成如下：轻型井点 50 根/套、喷射井点 30 根/套、大口径井点 45 根/套、水平井点 10 根/套、电渗井点 30 根/套，累计不足一套者按一套计算。井点设备使用，以每昼夜 24h 为一天。

3. 水泵类型、管径与定额不一致时，可以调整。

土石方工程中采用较多的是明排水法和轻型井点降水。明排水法是在基坑开挖过程中，在坑底设置集水坑，并沿坑底周围或中央开挖排水沟，使水流入集水坑，然后用水泵抽走，抽出的水应予引开，以防倒流。

轻型井点降水是沿基坑四周以一定间距埋入直径较细的井点管至地下蓄水层内，井点管的上端通过弯联管与总管相连接，利用抽水设备将地下水从井点管内不断抽出，使原有地下水位降至坑底以下。在施工过程中要不断地抽水，直至基础施工完毕并回填土为止，如图 2-5 所示。

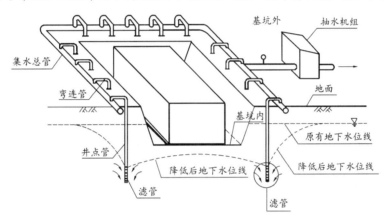

图 2-5 轻型井点法示意图

井点降水的井点管间距，根据地质条件和施工降水要求，按施工组织设计确定。设计无规定时，可按轻型井点管距 0.8~1.6m，喷射井点管距 2~3m 确定。

井点系统的安装顺序是：挖井点沟槽，铺设集水总管；冲孔，沉设井点管，灌填砂滤料；用弯联管将井点管与集水总管连接；安装抽水设备；试抽。

## 第二节 工程量计算规则

一、垫层。

1. 地面垫层按室内主墙间净面积乘以设计厚度，以体积计算。计算时应扣除凸出地面的构筑物、设备基础、室内铁道、地沟以及单个面积>0.3m² 的孔洞、独立柱等所占体积；不扣除间壁墙、附墙烟囱、墙垛以及单个面积≤0.3m² 的孔洞等所占体积，门洞、空圈、暖气壁龛等开口部分也不增加。

地面垫层工程量 = ($S_{房心}$ － 0.3m² 以上孔洞、独立柱、构筑物)×垫层厚度

2. 基础垫层按下列规定，以体积计算。

（1）条形基础垫层，外墙按外墙中心线长度、内墙按其设计净长度乘以垫层平均断面面积以体积计算。柱间条形基础垫层，按柱基础（含垫层）之间的设计净长度，乘以垫层平均断面面积以体积计算。

$$条形基础垫层工程量 = (\sum L_{外墙中心线长} + \sum L_{内墙垫层净长}) \times 垫层平均断面面积$$

（2）独立基础垫层和满堂基础垫层，按设计图示尺寸乘以平均厚度，以体积计算。

$$独立基础和满堂基础垫层工程量 = 设计长度 \times 设计宽度 \times 平均厚度$$

3. 场区道路垫层按其设计长度乘以宽度乘以厚度，以体积计算。

$$场区道路垫层工程量 = 设计长度 \times 设计宽度 \times 平均厚度$$

4. 爆破岩石增加垫层的工程量，按现场实测结果以体积计算。

二、填料加固，按设计图示尺寸以体积计算。

三、土工合成材料，按设计图示尺寸以面积计算，平铺以坡度≤15％为准。

土工布、土工格栅定额分平铺、斜铺，坡度超过15％即按斜铺套用定额。

四、强夯，按设计图示强夯处理范围以面积计算。设计无规定时，按建筑物基础外围轴线每边各加4m以面积计算。

根据强夯机械的工作面得来，如强夯施工机械的移动所产生的工作面。

五、注浆地基。

1. 分层注浆钻孔按设计图示钻孔深度以长度计算，注浆按设计图纸注明的加固土体以体积计算。

2. 压密注浆钻孔按设计图示深度以长度计算，注浆按下列规定以体积计算：

（1）设计图纸明确加固土体体积的，按设计图纸注明的体积计算；

（2）设计图纸以布点形式图示土体加固范围的，则按两孔间距的一半作为扩散半径，以布点边线各加扩散半径，形成计算平面，计算注浆体积；

（3）如果设计图纸注浆点在钻孔灌注桩之间，按两注浆孔的一半作为每孔的扩散半径，依此圆柱体积计算注浆体积。

本条的理解是按两钻孔灌注桩的间距的一半作为计算注浆体积的半径，按此半径和注浆深度计算圆柱体的体积。不论两钻孔灌注桩间是一个注浆点还是多个注浆点，都按上述半径的一个圆柱体的体积计算，如图2-6所示。

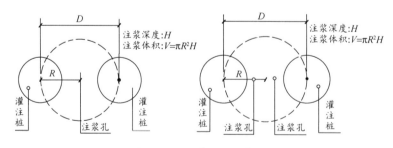

图 2-6　钻孔灌注桩示意图

六、支护桩。

1. 填料桩、深层水泥搅拌桩按设计桩长（有桩尖时包括桩尖）乘以设计桩外径截面积，以体积计算。填料桩、深层水泥搅拌桩截面有重叠时，不扣除重叠面积。

深层水泥搅拌桩是利用水泥、石膏粉等材料作为固化剂，采用深层搅拌机械，在地基深处就地将软土和固化剂强制搅拌，利用固化剂和软土之间所产生的一系列物理、化学反应，使软土硬结成具有整体性、水稳定性和一定强度的地基。水泥搅拌桩互相搭接形成搅拌桩墙，既可以用于增加地基承载力和作为基坑开挖的侧向支护，也可以作为抗渗漏止水帷幕。

2. 预钻孔道高压旋喷（摆喷）水泥桩工程量，成（钻）孔按自然地坪标高至设计桩底的长度计算，喷浆按设计加固桩截面面积乘以设计桩长以体积计算。

预钻孔道高压旋喷（摆喷）水泥桩分为单重管法、双重管法、三重管法。双重管旋喷是在注浆管端部侧面有一个同轴双重喷嘴，从内喷嘴喷出 20MPa 左右的水泥浆液，从外喷嘴喷出 0.7MPa 的压缩空气，在喷射的同时旋转和提升浆管，在土体中形成旋喷桩。三重管旋喷使用的是一种三重注浆管，这种注浆管由三根同轴的不同直径的钢管组成，内管输送压力为 20MPa 左右的水流，中管输送压力为 0.7MPa 左右的气流，外管输送压力为 25MPa 的水泥浆液，高压水、气同轴喷射切割土体，使土体和水泥浆液充分拌和，边喷射边旋转和提升注浆管形成较大直径的旋喷桩。高压旋喷桩适用于地基加固和防渗，或作为稳定基坑和沟槽边坡的支挡结构。

3. 三轴水泥搅拌桩按照设计桩长（有桩尖时包括桩尖）乘以设计桩外径截面积，以体积计算。

三轴水泥搅拌桩是以多轴型钻掘搅拌机在现场向一定深度进行钻掘，同时在钻头处喷出水泥系强化剂而与地基土反复混合搅拌，在各施工单元之间则采取重叠搭接施工，然后在水泥土混合体未结硬前插入 H 形钢或钢板作为其应力补强材，至水泥结硬，便形成一道具有一定强度和刚度的、连续完整的、无接缝的地下墙体。

4. 三轴水泥搅拌桩设计要求全断而套打时，相应定额的人工及机械乘以系数 1.5，其余不变。

具体说明，三轴水泥搅拌桩，一次钻下成三个孔，即孔 1、2、3，第二次钻下又成三个孔，即孔 4、5、6，如果孔 4 与孔 3 完全重叠，即为全断面套打。也可以说，一组三轴钻三孔，钻下一组时有一孔与上一组最边的一孔重叠，即为全断面套打。

5. 凿桩头适用于深层搅拌水泥桩、三轴水泥搅拌桩、高压旋喷水泥桩定额子目，按凿桩长度乘以桩断面以体积计算。

工程桩凿桩头详见"第三章　桩基础工程"。

6. 打、拔钢板桩工程量按设计图示桩的尺寸以质量计算，安、拆导向夹具，按设计图示尺寸以长度计算。

七、基坑与边坡支护。

1. 挡土板按设计文件（或施工组织设计）规定的支挡范围，以面积计算。袋土围堰按设计文件（或施工组织设计）规定的支挡范围，以体积计算。

2. 钢支撑按设计图示尺寸以质量计算。不扣除孔眼质量，焊条、铆钉、螺栓等不另增加质量。

3. 砂浆土钉的钻孔灌浆，按设计文件（或施工组织设计）规定的钻孔深度，以长度计算。土层锚杆机械钻孔、注浆，按设计孔径尺寸，以长度计算。喷射混凝土护坡区分土层与岩层，按设计文件（或施工组织设计）规定的尺寸，以面积计算。锚头制作、安装、张拉、锁定按设计图示以数量计算。

4. 现浇导墙混凝土按设计图示，以体积计算。现浇导墙混凝土模板按混凝土与模板接触面的面积，以面积计算。成槽工程量按设计长度乘以墙厚及成槽深度（设计室外地坪至连续墙底），以体积计算。锁扣管以"段"为单位（段指槽壁单元槽段），锁口管吊拔按连续墙段数计算，定额中已包括锁口管的摊销费用。清底置换以"段"为单位（段指槽壁单元槽段）。连续墙混凝土浇筑工程量按设计长度乘以墙厚及墙身加 0.5m，以体积计算。凿地下连续墙超灌混凝土，设计无规定时，其工程量按墙体断面面积乘以 0.5m，以体积计算。

八、排水与降水。

1. 抽水机基底排水分不同排水深度，按设计基底以面积计算。

指槽底面积。适用于地下水位较浅，或采取截水措施后，在槽坑内随挖土随排水（基坑内降水）的情况。

2. 集水井按不同成井方式，分别以设计文件（或施工组织设计）规定的数量，以"座"或以长度计算。抽水机集水井排水按设计文件（或施工组织设计）规定的抽水机台数和工作天数，以"台日"计算。

定额中的水泵为冲井用水泵，不是抽水水泵台班。1 台日＝1 台抽水机×24h

3. 井点降水区分不同的井管深度，其井管安拆，按设计文件或施工组织设计规定的井管数量，以数量计算；设备使用按设计文件（或施工组织设计）规定的使用时间，以"每套天"计算。

4. 大口径深井降水打井按设计文件（或施工组织设计）规定的井深，以长度计算。降水抽水按设计文件或施工组织设计规定的时间，以"台日"计算。

用于一井一泵的情况下。

# 第三章　桩基础工程

## 第一节　定额说明及解释

一、本章定额包括打桩、灌注桩两节。

二、本章定额适用于陆地上桩基工程，所列打桩机械的规格、型号是按常规施工工艺和方法综合取定。本章定额已综合考虑了各类土层、岩土层的分类因素，对施工场地的土质、岩石级别进行了综合取定。

桩基础工程因土壤的级别划分是按砂层连续厚度、压缩系数、孔隙比、静力触探值、动力触探系数、沉桩时间等因素确定，给实际施工和工程结算带来许多不确定因素，因此，本章定额未对土壤进行分级。而参考其他省市定额编制的子目也已按相应土壤的分级权重进行了综合。

三、桩基施工前场地平整、压实地表、地下障碍处理等，定额均未考虑，发生时另行计算。

四、探桩位已综合考虑在各类桩基定额内，不另行计算。

五、单位（群体）工程的桩基工程量少于表3-1对应数量时，相应定额人工、机械乘以系数1.25。

灌注桩单位（群体）工程的桩基工程量指灌注混凝土量。

单位工程的桩基工程量　　　　　　　　　　表 3-1

| 项目 | 单位工程的工程量 | 项目 | 单位工程的工程量 |
|---|---|---|---|
| 预制钢筋混凝土方桩 | 200m³ | 钻孔、旋挖成孔灌注桩 | 150m³ |
| 预应力钢筋混凝土管桩 | 1000m | 沉管、冲击灌注桩 | 100m³ |
| 预制钢筋混凝土板桩 | 100m³ | 钢管桩 | 50t |

因本次编制的灌注桩的成孔和灌注混凝土的计算规则不同，所以在说明中强调要以灌注混凝土的工程量作为划分是否乘系数的依据。

这里在界定时增加了群体工程的说法，也就是说如果一次性施工群体建筑的桩基，需要按这个群体建筑的总桩基工程量来作为是否乘系数的划分标准，而不能以单个建筑的桩基工程量来划分。

六、打桩。

1. 单独打试桩、锚桩，按相应定额的打桩人工及机械乘以系数1.5。

2. 打桩工程按陆地打垂直桩编制。设计要求打斜桩时，斜度≤1:6时，相应定额人工、机械乘以系数1.25；斜度>1:6时，相应定额人工、机械乘以系数1.43。

3. 打桩工程以平地（坡度15°）打桩为准，坡度>15°打桩时，按相应定额人工、机械乘以系数 1.15。如在基坑内（基坑深度＞1.5m 且基坑面积≤500m²）打桩或在地坪上打坑槽内（坑槽深度＞1m）桩时，按相应定额人工、机械乘以系数 1.11。

如在基坑内（基坑深度＞1.5m 且基坑面积≤500m）打桩其中两项限制需同时满足。

4. 在桩间补桩或在强夯后的地基上打桩时，相应定额人工、机械乘以系数 1.15。

5. 打桩工程，如遇送桩时，可按打桩相应定额人工、机械乘以表 3-2 中的系数。

送桩深度系数　　　　　　　　　　　　　　　　表 3-2

| 送桩深度 | 系数 |
|---|---|
| ≤2m | 1.25 |
| ≤4m | 1.43 |
| ＞4m | 1.67 |

送桩是指用桩器将桩送入自然地坪以下设计标高范围内的情况。送桩器一般由钢制桩帽和钢桩体组成，送桩器的总长度大于送桩深度。

6. 打、压预制钢筋混凝土桩、预应力钢筋混凝土管桩，定额按购入成品构件考虑，已包含桩位半径≤15m 内的移动、起吊、就位。桩位半径＞15m 时的构件场内运输，按本定额"第十九章　施工运输工程"中的预制构件水平运输 1km 以内的相应项目执行。

7. 本章定额内未包括预应力钢筋混凝土管桩钢桩尖制安项目，实际发生时按本定额"第五章　钢筋及混凝土工程"中的预埋铁件定额执行。

8. 预应力钢筋混凝土管桩桩头灌芯部分按人工挖孔桩灌桩芯定额执行。

七、灌注桩。

1. 钻孔、旋挖成孔等灌注桩设计要求进入岩石层时执行入岩子目，入岩指钻入中风化的坚硬岩。

2. 旋挖成孔灌注桩定额按湿作业成孔考虑，如采用干作业成孔工艺时，则扣除相应定额中的黏土、水和机械中的泥浆泵，见表 3-3。

旋挖钻机成孔（干作业成孔）　　　　　　　　　　　　表 3-3

工作内容：钢护筒埋设及拆除；钻机就位；钻孔、提钻、出渣、渣土

清理，就地堆放，清孔等。　　　　　　　　　　　　　　　　计量单位：10m³

| 定额编号 | | | 3-2-8 |
|---|---|---|---|
| 项目名称 | | | 旋挖钻机钻孔（桩径 mm）≤1500 |
| 名称 | | 单位 | 消耗量 |
| 人工 | 综合工日（土建） | 工日 | 6.1740 |
| 材料 | 电焊条 | kg | 0.9800 |
| | 金属周转材料 | kg | 5.2000 |
| 机械 | 履带式旋挖钻机孔径 1500mm | 台班 | 0.4900 |
| | 履带式单斗挖掘机（液压）1m | 台班 | 0.0700 |
| | 履带式起重机 40t | 台班 | 0.2700 |
| | 交流弧焊机 32kV·A | 台班 | 0.1400 |

【例】某桩基工程采用旋挖钻机干作业成孔工艺，孔径为 1200mm、桩长 30m，成孔深度为 35m。地层为杂填土、粉质黏土、黏土（局部含姜石）、粗砂层等组成，地层稳定，地下水位埋深≥40m，如图 3-1 所示。

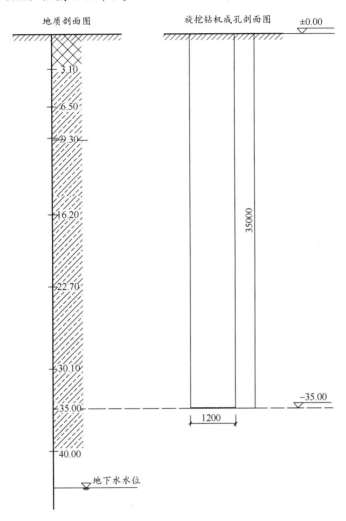

图 3-1　旋挖钻机成孔（干作业成孔）示意图

干作业成孔灌注桩是指不用泥浆护壁和套管护壁的情况下，用钻机成孔后，下钢筋笼，灌注混凝土的桩，适用于地下水位以上的土层使用。包括钻孔（扩底）灌注桩和人工挖孔灌注桩，其成孔方法包括螺旋钻成孔、螺旋钻成孔扩底、人工挖孔等。

3. 定额各种灌注桩的材料用量中，均已包括了充盈系数和材料损耗，见表 3-4。

**灌注桩充盈系数和材料损耗率**　　　　　　　　　　　　　　表 3-4

| 项目名称 | 充盈系数 | 损耗率（%） |
|---|---|---|
| 旋挖、冲击钻机成孔灌注混凝土桩 | 1.25 | 1 |
| 回旋、螺旋钻机钻孔灌注混凝土桩 | 1.20 | 1 |
| 沉管桩机成孔灌注混凝土桩 | 1.15 | 1 |

桩体充盈部分是由于灌注材料的重力作用，对桩孔侧壁产生压力，侧壁挤压变形后的桩体积与设计桩体体积相比，灌注材料增加部分。

4. 桩孔空钻部分回填应根据施工组织设计的要求套用相应定额，填土者按本定额"第一章 土石方工程"松填土方定额计算，填碎石者按本定额"第二章 地基处理与边坡支护工程"碎石垫层定额乘以 0.7 计算。

5. 旋挖桩、螺旋桩、人工挖孔桩等采用干作业成孔工艺的桩的土石方场内、场外运输，执行本定额"第一章 土石方工程"相应项目及规定。

关于场外运输，第一章已有明确说明"在施工现场范围之外的市政道路上运输，不适用本定额"，"弃土外运以及弃土处理等其他费用，按各地的有关规定执行"。

6. 本章定额内未包括泥浆池制作，实际发生时按本定额"第四章 砌筑工程"的相应项目执行。

7. 本章定额内未包括废泥浆场内（外）运输，实际发生时按本定额"第一章 土石方工程"相关项目及规定执行。

8. 本章定额内未包括桩钢筋笼、铁件制安项目，实际发生时按本定额"第五章 钢筋及混凝土工程"的相应项目执行。

9. 本章定额内未包括沉管灌注桩的预制桩尖制安项目，实际发生时按本定额"第五章 钢筋及混凝土工程"中的小型构件定额执行。

10. 灌注桩后压浆注浆管、声测管埋设，注浆管、声测管如遇材质、规格不同时，可以换算，其余不变。

声测管是现在不可少的声波检测管，利用声测管可以检测出一根桩的质量好坏，声测管是灌注桩进行超声检测法时探头进入桩身内部的通道。它是灌注桩超声检测系统的重要组成部分，它在桩内的预埋方式及其在桩的横截面上的布置形式，将直接影响检测结果。因此，需检测的桩应在设计时将声测管的布置和埋置方式标入图纸，在施工时应严格控制埋置的质量，以确保检测工作顺利进行。

11. 注浆管埋设定额按桩底注浆考虑，如设计采用侧向注浆，则相应定额人工、机械乘以系数 1.2。

有关问题说明：

① 本章桩基定额中各种砂浆及混凝土均按常用规格及强度等级列出，若设计与定额不同时，均可换算材料及配比，但定额中的消耗总量不变。

② 本章定额中的灌注桩混凝土不包括桩基础混凝土外加剂，实际发生时，按设计要求另行计算。

③ 本章定额中各种灌注桩的混凝土，按商品混凝土运输罐车直接供混凝土至桩位前考虑，不包括商品混凝土 100m 的场内运输。

④ 建设单位直接发包的桩基础工程按设计桩长确定其工程类别，执行相应的费率。

## 第二节　工程量计算规则

一、打桩。

1. 预制钢筋混凝土桩。

打、压预制钢筋混凝土桩按设计桩长（包括桩尖）乘以桩截面面积，以体积计算。

2. 预应力钢筋混凝土管桩。

（1）打、压预应力钢筋混凝土管桩按设计桩长（不包括桩尖），以长度计算。

（2）预应力钢筋混凝土管桩钢桩尖按设计图示尺寸，以质量计算。

（3）预应力钢筋混凝土管桩，如设计要求加注填充材料时填充部分另按本章钢管桩填芯相应项目执行。

（4）桩头灌芯按设计尺寸以灌注体积计算。

这里强调，本定额预制钢筋混凝土桩的桩长是包含桩尖长度的，而预应力钢筋混凝土管桩的桩长是不包含桩尖长度的，前者按体积计算，后者按长度计算。本条规则还明确了预应力钢筋混凝土管桩钢桩尖和桩头灌芯的计算规则，与章说明中这两项应执行的定额项目配合使用。

3. 钢管桩。

（1）钢管桩按设计要求的桩体质量计算。

（2）钢管桩内切割、精割盖帽按设计要求的数量计算。

（3）钢管桩管内钻孔取土、填芯，按设计桩长（包括桩尖）乘以填芯截面积，以体积计算。

4. 打桩工程的送桩按设计桩顶标高至打桩前的自然地坪标高另加 0.5m 计算相应项目的送桩工程量。

另加 0.5m 的送桩深度是指桩架与轨道之间的距离。

5. 预制混凝土桩、钢管桩电焊接桩，按设计要求接桩头的数量计算。

6. 预制混凝土桩截桩按设计要求截桩的数量计算。截桩长度≤1m 时，不扣减相应桩的打桩工程量；截桩长度＞1m 时，其超过部分按实扣减打桩工程量，但桩体的价格和预制桩场内运输的工程量不扣减。

7. 预制混凝土桩凿桩头按设计图示桩截面积乘以凿桩头长度，以体积计算。凿桩头长度设计无规定时，桩头长度按桩体高 40d（d 为桩体主筋直径，主筋直径不同时取大者）计算；灌注混凝土桩凿桩头按设计超灌高度（设计有规定按设计要求，设计无规定按 0.5m）乘以桩截面积，以体积计算。

预制钢筋混凝土桩工程量＝设计桩总长度×桩断面面积

定额凿桩头工程量按桩头体积计算。凿桩头体积设计有规定按设计要求，设计无规定按定额规定计取。

在实际工作中，当进行凿桩头施工时，往往与混凝土的强度等级和桩的截面尺寸有关。钢筋截断一般采用气割，也可采用手工锯断。

8. 桩头钢筋整理，按所整理的桩的数量计算。

桩头钢筋整理是指凿完桩头后，对裸露钢筋的清理、理直，钢筋端头弯钩等工作。

二、灌注桩。

1. 钻孔桩、旋挖桩成孔工程量按打桩前自然地坪标高至设计桩底标高的成孔长度乘以设计桩径截面积，以体积计算。入岩增加工程量按实际入岩深度乘以设计桩径截面积，以体积计算。

旋挖钻机成孔灌注桩利用钻杆和钻头的旋转及重力使土屑进入钻斗，土屑满装钻斗后，提升钻斗出土，这样通过钻斗的旋转、削土、提升和出土，多次反复而成孔。

旋挖钻机由主机、钻杆和钻头三部分组成。主机有履带式、步履式和车盘式底盘，定额中考虑履带式旋挖钻机，钻头种类很多：对于一般土层选用锅底式钻头；对于卵石或者密实的砂砾层则用多刃切削式钻头；对于虽被多刃切削式钻头破碎还进不了钻头中的卵石、孤石等，可采用抓斗抓取，为取出大孤石就要用锁定式钻头，如图 3-2 所示。

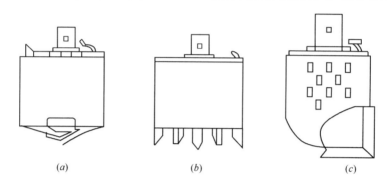

图 3-2　旋挖钻头示意图

（a）锅底式钻头；（b）多刃切削式钻头；（c）锁定式钻头

2. 钻孔桩、旋挖桩灌注混凝土工程量按设计桩径截面积乘以设计桩长（包括桩尖）另加加灌长度，以体积计算。加灌长度设计有规定者，按设计要求计算；无规定者，按 0.5m 计算。

另加 0.5m 桩长，是按规范要求凿去桩浮浆层的高度。

$$灌注桩混凝土工程量 = (L + 0.5) \times \frac{1}{4}\pi D^2$$

式中　$L$——桩长（含桩尖）（m）；

　　　$D$——桩外直径（m）。

3. 沉管成孔工程量按打桩前自然地坪标高至设计桩底标高（不包括预制桩尖）的成孔长度乘以钢管外径截面积，以体积计算。

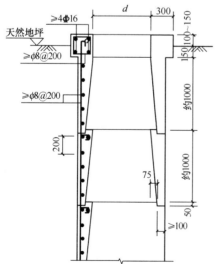

图 3-3　人工挖孔桩护壁示意图

4. 沉管桩灌注混凝土工程量按钢管外径截面积乘以设计桩长（不包括预制桩尖）另加加灌长度，以体积计算。加灌长度设计有规定者，按设计要求计算，无规定者，按 0.5m 计算。

5. 人工挖孔灌注混凝土桩护壁和桩芯工程量，分别按设计图示截面积乘以设计桩长另加加灌长度，以体积计算。加灌长度设计有规定者，按设计要求计算，无规定者，按 0.25m 计算，如图 3-3 所示。

6. 钻孔灌注桩、人工挖孔桩设计要求扩底时，其扩底工程量按设计尺寸，以体积计算，并入相应桩的工程量内，如图 3-4 所示。

$$钻孔灌注桩工程量 = L \times \frac{1}{4}\pi d^2 + 夯扩混凝$$

土体积（要求扩底工程量）

7. 桩孔回填工程量按桩加灌长度顶面至打桩前自然地坪标高的长度乘以桩孔截面积，以体积计算。

8. 钻孔压浆桩工程量按设计桩顶标高至设计桩底标高的长度另加 0.5m，以长度计算。

9. 注浆管、声测管埋设工程量按打桩前的自然地坪标高至设计桩底标高的长度另加 0.5m，以长度计算。

声测管是灌注桩进行超声检测法时探头进入桩身内部的通道，也可作为桩底压浆的管道。声测管材质的选择，以透声率较大、便于安装及费用较低为原则。目前常用的有钢管、钢质波纹管和塑料管三种。

10. 桩底（测）后压浆工程量按设计注入水泥用量，以质量计算。

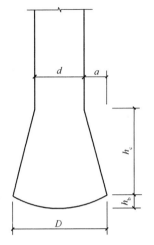

图 3-4　扩底桩的扩底示意图

# 第四章 砌 筑 工 程

## 第一节 定额说明及解释

一、本章定额包括砖砌体、砌块砌体、石砌体和轻质板墙四节。

本章第一节砖砌体中砖基础子目适用于各种类型的砖基础：柱基础、墙基础、管道基础等；贴砌砖墙子目适用于地下室外墙保护墙部位的贴砌砖。

本章第二节装饰砌块夹芯保温复合墙体适用于多层住宅、办公楼等公共与民用建筑。

本章第四节轻质板墙适用于框架、框剪墙结构中的内外墙或隔墙。

二、本章定额中砖、砌块和石料按标准或常用规格编制，设计材料规格与定额不同时允许换算。

定额单位消耗量不变，是指定额材料块数折合体积与定额砂浆体积的总体积不变。

三、砌筑砂浆按现场搅拌编制，定额所列砌筑砂浆的强度等级和种类，设计与定额不同时允许换算。

砌筑砂浆强度等级换算的一般公式是：

换算后定额基价＝定额子目原基价＋(设计砂浆单价－定额砂浆单价)×消耗量定额中砂浆含量

以定额子目4-2-1加气混凝土砌块墙举例预拌砂浆(干拌)的换算方法：

定额中砂浆含量为1.0190m³。

① 人工扣除：$1.0190 \times 0.382 = 0.3893$（工日），即15.43（定额含量）－0.3893＝15.0407（工日）。

② 预拌砂浆罐式搅拌机：$1.0190 \times 0.041 = 0.04178$（台班）。

③ 灰浆搅拌机台班扣除。

四、定额中各类砖、砌块、石砌体的砌筑均按直形砌筑编制。如为圆弧形砌筑时，按相应定额人工用量乘以系数1.1、材料用量乘以系数1.03。

如为圆弧形砌筑时，因施工比直行砌筑施工困难，施工存在降效，其中材料使用时，损耗比直行砌筑相应增大，故乘以大于1的系数。

五、砖砌体、砌块砌体、石砌体。

1. 标准砖砌体计算厚度，按表4-1计算。

标准砖砌体计算厚度　　　　表4-1

| 墙厚（砖数） | 1/4 | 1/2 | 3/4 | 1 | 1.5 | 2 | 2.5 |
|---|---|---|---|---|---|---|---|
| 计算厚度（mm） | 53 | 115 | 180 | 240 | 365 | 490 | 615 |

其中365mm＝240mm（长）＋115mm（宽）＋10mm（灰缝）。

2. 本章砌筑材料选用规格（单位为 mm）。

实心砖：240×15×53；多孔砖：M 形 190×90×90，190×190×90，P 形 240×115×90；空心砖：240×115×115，240×180×115；加气混凝土砌块：600×200×240；空心砌块：390×190×190，290×190×190；装饰混凝土砌块：390×90×190；毛料石：1000×300×300，方整石墙：400×220×200；方整石柱：450×220×200；零星方整石：400×200×100。

3. 定额中的墙体砌筑层高是按 3.6m 编制的，如超过 3.6m 时，其超过部分工程量的定额人工乘以系数 1.3。

是指超过部分工程量的定额人工乘以系数。

4. 砖砌体均包括原浆勾缝用工，加浆勾缝时，按本定额"第十二章  墙、柱面装饰与隔断、幕墙工程"的规定另行计算。

加浆勾缝套用定额 12-1-18。是为了防止雨水侵入墙体内，随砌随勾为原浆勾缝。

5. 零星砌体系指台阶、台阶挡墙、阳台栏板、施工过人洞、梯带、蹲台、池槽、池槽腿、花台、隔热板下砖墩、炉灶、锅台，以及石墙和轻质墙中的墙角、窗台、门窗洞口立边、梁垫、楼板或梁下的零星砌砖等。

6. 砖砌挡土墙，墙厚＞2 砖执行砖基础相应项目，墙厚≤2 砖执行砖墙相应项目。

主要考虑用工数量及材料消耗。

7. 砖柱和零星砌体等子目按实心砖列项，如用多孔砖砌筑时，按相应子目乘以系数 1.15。

即 4-1-2、4-1-3 和 4-1-24 定额中人工、材料、机械乘以系数 1.15。

8. 砌块砌体中已综合考虑了墙底小青砖所需工料，使用时不得调整。墙顶部与楼板或梁的连接依据《蒸压加气混凝土砌块构造详图（山东省）》L10J125 按铁件连接考虑，铁件制作和安装按本定额"第五章  钢筋及混凝土工程"的规定另行计算。

本章第二节砌块砌体不再按墙体厚度分别设置子目。考虑到施工图纸设计不再严格按模数，而是根据实际功能需要设置，且砌块规格可根据墙体厚度定制，结合《建设工程劳动定额》LD/T 73.1-4-2008、《房屋建筑与装饰工程消耗量定额》TY 01-31-2015 及其他省市有关定额的设置情况，将不同墙体厚度的砌块墙子目进行合并。

根据《砌体结构工程施工质量验收规范》GB 50203—2011 第 9.1.6 规定：当采用加气混凝土填充墙施工时，除多水房间外可不需要在墙底部另砌烧结普通砖或多孔砖，现浇混凝土坎台（主要是考虑有利于提高多水房间填充墙墙底的防水效果，高度宜为 150mm是考虑踢脚线/板便于遮盖填充墙底有可能产生的收缩裂缝）等。

此处的"不得调整"，是指如砌筑时发生砌块墙底砌砖的情况，则不论砌砖多少，定额内的砖含量不调整。但实际砌筑时不发生墙底砌砖的情况，墙身全部为砌筑砌块，那就需要去掉砖的定额含量，并根据砌块的规格、灰缝以及损耗率，计算补入砌块含量。

砌块净用量 = 1/[（砌块长＋灰缝）×砌块宽×（砌块厚＋灰缝）]×各种规格砌块所占比例

砂浆净用量 = 1－各种规格砌块数×每块砌块体积－每块标准砖体积×标砖数

这里"各种规格砌块所占比例"，是针对小型空心砌块墙、硅酸盐砌块墙等需多种不同长度规格的砌块混砌的砌块墙所说的，本次定额里都用一种规格编制，不需考虑比例问题。

因本次砌块子目里包含了墙底小青砖的内容，所以计算砂浆用量时还需扣减砖的体积。定额里砖的消耗量是包含损耗的，扣减时应扣减不含损耗的净用量。

使用公式调整时，如不发生砌砖的情况，就不用考虑砖的因素了。

9. 装饰砌块夹芯保温复合墙体是指由外叶墙（非承重）、保温层、内叶墙（承重）三部分组成的集装饰、保温、承重于一体的复合墙体。

外叶墙：有装饰功能的混凝土砌块，包括霹雳、彩色、凿毛、条纹、仿旧等预先经过饰面加工的砌块。

保温层：可选用挤塑聚苯板、聚氨酯板、脲醛树脂泡沫等保温材料。

内叶墙：可采用混凝土小型空心砌块、混凝土多孔砖、烧结多孔砖等承重的墙体材料。内叶墙材料规格应与外叶墙装饰砌块匹配。

装饰砌块夹芯保温复合墙体的内外砌块砌筑均含原浆勾缝，不含装饰砌块外墙用专业勾缝剂施工用工，不含钢筋网片、U形拉结件的制作、安装。

10. 砌块零星砌体执行砖零星砌体子目，人工含量不变。

砌块墙顶部与梁底、板底连接按铁件考虑，如果实际采用为混凝土或斜砌砖，分别按零星混凝土和零星砌体计算，并套用相应定额，如图4-1所示。

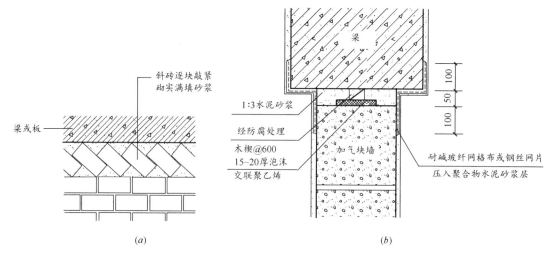

图4-1　隔墙上端做法示意图

（a）斜砌做法；（b）水泥砂浆做法

《山东省住宅工程质量通病专项治理措施手册》第2.6条规定：填充墙砌筑接近梁板底时，应留一定空间，至少间隔7d后，再将其补砌挤紧。宜采用梁（板）底预留30～50mm，用干硬性C25膨胀细石混凝土填塞（防腐木楔@600mm挤紧）方法。

11. 砌块墙中用于固定门窗或吊柜、窗帘盒、暖气片等配件所需的灌注混凝土或预埋构件，按本定额"第五章　钢筋及混凝土工程"的规定另行计算。

12. 定额中石材按其材料加工程度，分为毛石、毛料石、方整石，使用时应根据石料名称、规格分别执行。

13. 毛石护坡高度>4m时，定额人工乘以系数1.15。

14. 方整石零星砌体子目，适用于窗台、门窗洞口立边、压顶、台阶、栏杆、墙面点缀石等定额未列项目的方整石的砌筑。

15. 石砌体子目中均不包括勾缝用工,勾缝按本定额"第十二章 墙、柱面装饰与隔断、幕墙工程"的规定另行计算。

16. 设计用于各种砌体中的砌体加固筋,按本定额"第五章 钢筋及混凝土工程"的规定另行计算,如图 4-2 所示。

有关问题说明:

① 加气混凝土砌块墙子目适用于泡沫混凝土砌块墙、硅酸盐砌块墙、石膏砌块墙、煤矸石砌块墙、膨胀珍珠岩砌块墙等。

② 空心砌块墙包括普通混凝土空心砌块墙和轻骨料混凝土空心砌块墙。

轻骨料混凝土小型空心砌块是指以浮石、火山渣、煤渣、煤矸石、陶粒等为粗骨料制作的混凝土小型空心砌块。陶粒空心砌块、炉渣砌块、粉煤灰砌块等均按轻骨料混凝土小型空心砌块执行。

六、轻质板墙。

1. 轻质板墙:适用于框架、框剪结构中的内外墙或隔墙。定额按不同材质和板型编制,设计与定额不同时,可以换算。

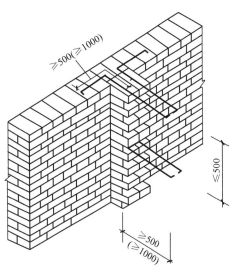

图 4-2 砌体加固筋示意图

2. 轻质板墙,不论空心板或实心板,均按厂家提供板墙半成品(包括板内预埋件,配套吊挂件、U 形卡、S 形钢檩条、螺栓、铆钉等),现场安装编制。

3. 轻质板墙中与门窗连接的钢筋码和钢板(预埋件),定额已综合考虑。

轻质板墙定额按半成品,现场安装考虑,所以将双层石膏空心条板墙有、无填充层及填充层厚度增减子目合并为一项,不同夹心材料的钢丝网水泥夹心板墙子目合并为一项,不同填充层材料的双层彩钢压型板墙子目合并为一项,填充层和夹心材料按含在半成品材料费中。

# 第二节 工程量计算规则

一、砌筑界线划分。

1. 基础与墙体:以设计室内地坪为界,有地下室者,以地下室设计室内地坪为界,以下为基础,以上为墙体。

2. 室内柱以设计室内地坪为界:室外柱以设计室外地坪为界,以下为柱基础,以上为柱。

3. 围墙以设计室外地坪为界,以下为基础,以上为墙体。

室外地坪高差不同时,以室外地坪低的一侧为界。

4. 挡土墙以设计地坪标高低的一侧为界,以下为基础,以上为墙体。

上述砌筑界线的划分,系指基础与墙(柱)为同一种材料(或同一种砌筑工艺)的情况；若基础与墙（柱）使用不同材料，且（不同材料的）分界线位于设计室内地坪≤300mm时，300mm以内部分并入相应墙（柱）工程量内计算。

二、基础工程量计算。

1. 条形基础：按墙体长度乘以设计断面面积以体积计算。

2. 包括附墙垛基础宽出部分体积，扣除地梁（圈梁）、构造柱所占体积，不扣除基础大放脚T形接头处的重叠部分，以及嵌入基础的钢筋、铁件、管道、基础防潮层和单个面积≤0.3m$^2$的孔洞所占体积，但靠墙暖气沟的挑檐亦不增加。

3. 基础长度：外墙按外墙中心线，内墙按内墙净长线计算。

4. 柱间条形基础，按柱间墙体的设计净长度乘以设计断面面积，以体积计算。

5. 独立基础：按设计图示尺寸以体积计算。

三、墙体工程量计算。

1. 墙长度：外墙按中心线、内墙按净长计算。

2. 外墙高度：斜（坡）屋面无檐口天棚者算至屋面板底；有屋架且室内外均有天棚者算至屋架下弦底另加200mm；无天棚者算至屋架下弦底另加300mm，出檐宽度超过600mm时按实砌高度计算；有钢筋混凝土楼板隔层者算至板顶。平屋顶算至钢筋混凝土板顶。

3. 内墙高度：位于屋架下弦者，算至屋架下弦底；无屋架者算至天棚底另加100mm；有钢筋混凝土楼板隔层者算至楼板底；有框架梁时算至梁底。

4. 女儿墙高度，从屋面板上表面算至女儿墙顶面（如有混凝土压顶时算至压顶下表面）。

5. 内、外山墙高度：按其平均高度计算。

6. 框架间墙：不分内外墙按墙体净尺寸以体积计算。

7. 围墙：高度算至压顶上表面（如有混凝土压顶时算至压顶下表面），围墙柱并入围墙体积内。

8. 墙体体积：按设计图示尺寸以体积计算。计算墙体工程量时，应扣除门窗、洞口、嵌入墙内的钢筋混凝土柱、梁、圈梁、挑梁、过梁及凹进墙内的壁龛、管槽、暖气槽、消火栓箱所占体积。不扣除梁头、外墙板头、檩头、垫木、木楞头、沿椽木、木砖、门窗走头、墙内的加固钢筋、木筋、铁件、钢管及每个面积≤0.3m$^2$孔洞等所占体积。凸出墙面的窗台虎头砖、压顶线、山墙泛水、烟囱根、门窗套及三皮砖以内的腰线和挑檐等体积亦不增加。凸出墙面的砖垛、三皮砖以上的腰线和挑檐等体积，并入所附墙体体积内计算。

9. 附墙烟囱（包括附墙通风道、垃圾道，混凝土烟风道除外），按其外形体积并入所依附的墙体积内计算。

四、柱工程量计算：各种柱均按基础分界线以上的柱高乘以柱断面面积，以体积计算。

五、轻质板墙：按设计图示尺寸以面积计算。

六、其他砌筑工程量计算。

1. 砖砌地沟不分沟底、沟壁按设计图示尺寸以体积计算。

2. 零星砌体项目，均按设计图示尺寸以体积计算。

3. 多孔砖墙、空心砖墙和空心砌块墙，按相应规定计算墙体外形体积，不扣除砌体材料中的孔洞和空心部分的体积。

4. 装饰砌块夹芯保温复合墙体按实砌复合墙体以面积计算。

5. 混凝土烟风道按设计混凝土砌块体积，以体积计算。计算墙体工程量时，应按混凝土烟风道工程量，扣除其所占墙体的体积。

6. 变压式排烟气道，区分不同断面，以长度计算工程量（楼层交接处的混凝土垫块及垫块安装灌缝已综合在子目中，不单独计算）。计算时，自设计室内地坪或安装起点，计算至上一层楼板的上表面；顶端遇坡屋面时，按其高点计算至屋面板面。

7. 混凝土镂空花格墙按设计空花部分外形面积（空花部分不予扣除）以面积计算。定额中混凝土镂空花格按半成品考虑。

8. 石砌护坡按设计图示尺寸以体积计算。

9. 砖背里和毛石背里按设计图示尺寸以体积计算。

10. 本章定额中用砂为符合规范要求的过筛净砂，不包括施工现场的筛砂用工，现场筛砂用工按本定额"第一章　土石方工程"的规定另行计算。

# 第五章　钢筋及混凝土工程

## 第一节　定额说明及解释

一、本章定额包括现浇混凝土、预制混凝土、混凝土搅拌制作及泵送、钢筋、预制混凝土构件安装五节。

本章第一节现浇混凝土子目，适用于一般工业与民用建筑中的现浇混凝土工程。

本章第二节预制混凝土子目，适用于现场预制混凝土构件的情况。

本章第三节混凝土搅拌制作及泵送，混凝土搅拌制作子目适用于施工单位自行制作混凝土，混凝土泵送子目适用于现浇混凝土构件的混凝土输送，按一般习惯做法，将次序重新梳理，分为：混凝土现场搅拌、场外集中搅拌、运输、泵送、管道输送，固定泵、泵车泵送混凝土子目。

本章第四节钢筋子目，适用于一般工业与民用建筑中的现浇混凝土及预制混凝土工程。

本章第五节预制混凝土构件安装子目，主要适用于成品构件的安装工程，调到本章内，方便使用。

二、混凝土。

1. 定额内混凝土搅拌项目包括筛砂子、筛洗石子、搅拌、前台运输上料等内容，混凝土浇筑项目包括润湿模板、浇灌、捣固、养护等内容。

塑料薄膜摊销按 1 次考虑，阻燃毛毡摊销按 5 次考虑。润湿模板、混凝土养护用水已包含在定额内。

2. 毛石混凝土，系按毛石占混凝土总体积 20% 计算的。如设计要求不同时，允许换算。

3. 小型混凝土构件，系指单件体积≤0.1m³ 的定额未列项目。

外形尺寸体积在≤1m³ 以内的独立池槽执行小型构件项目，>1m³ 的独立池槽执行第十六章构筑物的相应项目；与建筑物相连的梁、板、墙结构式水池分别执行梁、板、墙相应项目。

空心砖内灌注混凝土，按实际灌注混凝土体积计算，执行小型构件项目。

4. 现浇钢筋混凝土柱、墙、后浇带定额项目，定额综合了底部灌注 1:2 水泥砂浆的用量。

由于混凝土施工规范中规定，混凝土柱、墙、后浇带浇筑时底部必须铺垫水泥砂浆，防止浇筑完混凝土形成柱底空洞或者烂根现象的发生，所以增加了水泥砂浆的用量，减少了混凝土的用量。

后浇带定额按各自相应规则和施工组织设计规定的尺寸，以体积计算。

后浇带墙不管实际墙厚为多少，均套用后浇带墙子目，墙厚已综合考虑。

5. 定额中已列出常用混凝土强度等级，如与设计要求不同时，允许换算。

定额中已列出常用混凝土强度等级，设计与定额不同时可以换算，但消耗量不变。

本章混凝土项目中未包括各种添加剂，若设计规定需要增加时，按设计混凝土配合比换算；若使用泵送混凝土，其泵送混凝土中的泵送剂在泵送混凝土单价中，混凝土单价按合同约定；若在冬期施工，混凝土需提高强度等级或掺入抗冻剂、减水剂、早强剂时，设计有规定的，按设计规定换算配合比，设计无规定的，按施工规范的要求计算，其费用在冬雨期施工增加费中考虑（即除泵送剂以外的，非设计要求的混凝土中的添加均视为正常施工措施，定额已在按费率计取的措施费中考虑，不在本章调整混凝土配比）。

6. 混凝土柱、墙连接时，柱单面突出墙面大于墙厚或双面突出墙面时，柱按其完整断面计算，墙长算至柱侧面；柱单面突出墙面小于等于墙厚时，其突出部分并入墙体积内计算。

小于等于墙厚度时，可理解为墙垛，故并入计算。

7. 轻型框剪墙，是轻型框架剪力墙的简称，结构设计中也称为短肢剪力墙结构。轻型框剪墙，由墙柱、墙身、墙梁三种构件构成。墙柱，即短肢剪力墙，也称边缘构件（又分为约束边缘构件和构造边缘构件），呈十字形、T形、Y形、L形、一字形等形状，柱式配筋，墙身为一般剪力墙。墙柱与墙身相连，还可能形成工形、[形、Z字等形状。墙梁处于填充墙大洞口或其他洞口上方，梁式配筋。通常情况下，墙柱、墙身、墙梁厚度（≤300mm）相同，构造上没有明显的区分界限。

轻型框剪墙子目，已综合考虑了墙柱、墙身、墙梁的混凝土浇筑因素，计算工程量时执行墙的相应规则，墙柱、墙身、墙梁不分别计算。

8. 叠合箱、蜂巢芯混凝土楼板浇筑时，混凝土子目中人工、机械乘以系数1.15。

叠合箱、蜂巢芯混凝土楼板应套用"大型空心板"的定额子目并乘系数。

如设计要求蜂巢芯底部浇筑混凝土底板时，其混凝土工程项目中人工工日及机械台班消耗量均乘以系数1.2。

9. 阳台指主体结构外的阳台，定额已综合考虑了阳台的各种类型因素，使用时不得分解。主体结构内的阳台，按梁、板相应规定计算。

本条考虑现场施工情况，将主体结构内的阳台按梁、板规定计算，主体结构外的阳台，套用本章的阳台子目，使用时不得分解。

10. 劲性混凝土柱（梁）中的混凝土在执行定额相应子目时，人工、机械乘以系数1.15。

因劲性混凝土中有型钢，施工操作难度增加。劲性混凝土柱（梁）中的钢筋按照"第六章　金属结构工程"执行，劲性混凝土柱（梁）中的钢筋在执行定额相应子目时，人工、机械乘以系数1.25，如图5-1所示。

11. 有梁板及平板的区分，如图5-2所示。

如图5-2所示，通过柱支座的均为梁考虑，上方两轴范围内为有梁板，通过柱支座的梁为主梁，不通过柱支座的梁为次梁，主次梁与上方板合并计算工程量套用"有梁板"子目。右下方板下没有不通过柱支座的梁，所以为平板，套用"平板"子目，通过柱支座的梁，按其截面分别套用"框架梁、连续梁"子目和"单梁、斜梁、异形梁、拱形梁"子目。

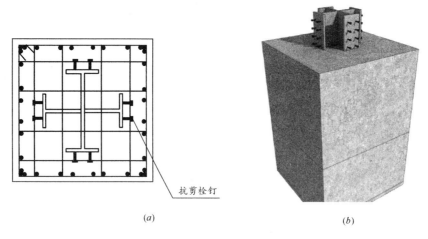

图 5-1　劲性混凝土柱示意图

（a）平面图；（b）三维图

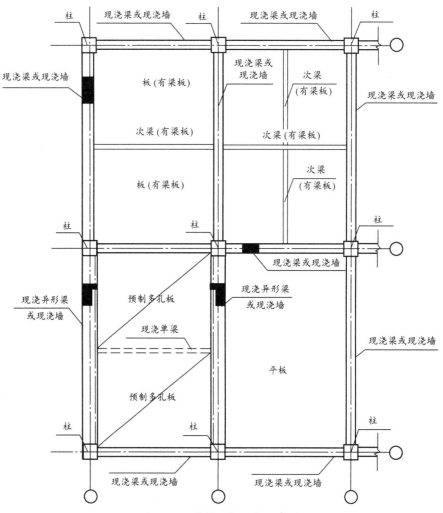

图 5-2　现浇梁、板区分示意图

三、钢筋。

1. 定额按钢筋新平法规定的 HPB300、HRB335、HRB400、HRB500 综合规格编制，并按现浇构件钢筋、预制构件钢筋、预应力钢筋及箍筋分别列项。

① 现浇构件钢筋：规格按钢筋直径 $d\leqslant\phi10$、$d\leqslant\phi18$、$d\leqslant\phi25$、$d>\phi25$，品种级别按《混凝土结构设计规范》GB 50010—2010 规定中 HPB300、HRB335、HRB400、HRB500 分别列项，并将 HRB335、HRB400 列为同一个子目。

因为钢筋产品标准的变化，以前Ⅰ、Ⅱ、Ⅲ级钢筋的称谓已经不存在了，但基于多年的使用习惯，现将新旧称谓做一下大致对应，HPB（热轧光圆）300 即以前常说的Ⅰ级钢筋，HRB（热轧带肋）335、HRB400、HRB500 即以前常说的Ⅱ级钢筋，Ⅲ级钢筋，Ⅳ级钢筋。

② 预制构件钢筋：品种级别按《混凝土结构设计规范》GB 50010—2010 规定中 HPB300、HRB335、HRB400、HRB500 分别列项，并将 HRB335、HRB400 列为同一个子目。同时，HPB300 中按直径 $d\leqslant\phi5$、$d\leqslant\phi10$、$d\leqslant\phi16$ 分别列项，而同一规格钢筋下按接头方式又区分为绑扎和点焊子目，HRB335 及以上级别钢筋，规格按钢筋直径 $d\leqslant\phi10$、$d\leqslant\phi18$、$d\leqslant\phi25$、$d>\phi25$ 分别列项。

③ 箍筋：构件箍筋按钢筋种类 HPB300 编制，按箍筋直径 $d\leqslant\phi5$、$d\leqslant\phi10$、$d>\phi10$ 设置箍筋子目。

④ 先张法预应力钢筋：不分钢筋品种级别，按钢筋直径 $d\leqslant\phi5$、$d\leqslant\phi16$、$d>\phi16$，设置子目。

⑤ 后张法预应力钢筋：不分钢筋品种级别，按钢筋直径 $d\leqslant\phi25$、$d>\phi25$，设置子目。

2. 预应力构件中非预应力钢筋按预制钢筋相应项目计算。

预应力构件中没有进行张拉的钢筋的人材机按照预制钢筋进行套用。

3. 绑扎低碳钢丝、成型点焊和接头焊接用的电焊条已综合在定额项目内，不另行计算。

定额中 22 号镀锌低碳钢丝，用于绑扎钢筋。定额中已适当考虑电焊接头，施工中无论实际是否使用电焊，不得换算。

4. 非预应力钢筋不包括冷加工，如设计要求冷加工时，另行计算。

所谓钢筋的冷加工，一般包括冷拉和冷拔两种工艺。通常非预应力钢筋设计不要求做冷加工。

5. 预应力钢筋如设计要求人工时效处理时，另行计算。

时效处理的方式，一般采用电加热或蒸汽，以释放钢筋中的内应力。

6. 后张法钢筋的锚固是按钢筋帮条焊、U 形插垫编制的。如采用其他方法锚固时，可另行计算。

7. 表 5-1 所列构件，其钢筋可按表 5-1 内系数调整人工、机械用量。

**钢筋人工、机械调整系数**　　　　　　　　　　　　　　表 5-1

| 项目 | 预制构件钢筋 | | 现浇构件钢筋 | |
|---|---|---|---|---|
| 系数范围 | 拱梯型屋架 | 托架梁 | 小型构件<br>（或小型池槽） | 构筑物 |
| 人工、机械调整系数 | 1.16 | 1.05 | 2 | 1.25 |

定额测算时是按照综合水平取定的，测算时没有考虑特殊项目的因素，因此在定额说明中对表中项目做了系数调整的说明。

8. 本章设置了马凳钢筋子目，发生时按实计算。

马凳钢筋定额子目，材料中按钢筋直径 φ8 列项，设计或实际发生与定额不同时可以换算，但消耗量不变。

9. 防护工程的钢筋锚杆，护壁钢筋、钢筋网执行现浇构件钢筋子目。

10. 冷轧扭钢筋，执行冷轧带肋钢筋子目。

11. 砌体加固筋，定额按焊接连接编制。实际采用非焊接方式连接时，不得调整。

适用于各种砌体内的钢筋加固。

12. 构件箍筋按钢筋规格 HPB300 编制，实际箍筋采用 HRB35 及以上规格钢筋时，执行构件箍筋 HPB300 子目，换算钢筋种类，机械乘以系数 1.38。

因 HRB335 以上的钢筋强度比 HPB300 高，使用高强钢筋时，强度大会导致加工困难，故只调整机械的含量。

13. 圆钢筋电渣压力焊接头，执行螺纹钢筋电渣压力焊接头子目，换算钢筋种类，其他不变。

钢筋电渣压力焊是将两钢筋安放成竖向对接形式，利用焊接电流通过两钢筋端面间隙，在焊剂层下形成电弧过程和电渣过程，产生电弧热和电阻热，融化钢筋，加压完成的一种压焊方法。适用于钢筋混凝土结构中竖向或斜向（倾斜度在 4：1 范围内）钢筋的连接。

主筋采用圆钢筋现在已淘汰，螺纹钢筋注意一下抗震钢筋，可以把定额中的螺纹钢筋换算成相应的抗震钢筋，最后修改价差。

14. 预制混凝土构件中，不同直径的钢筋点焊成一体时，按各自的直径计算钢筋工程量，按不同直径钢筋的总工程量，执行最小直径钢筋的点焊子目。如果最大与最小钢筋的直径比大于 2 时，最小直径钢筋点焊子目的人工乘以系数 1.25。

按照规范规定，钢筋直径相差 2 倍时不得焊接在一起作为受力钢筋。在电焊施工时，如遇所焊网片纵横钢筋直径不同的问题时，按最小直径钢筋的点焊子目执行。

15. 劲性混凝土柱（梁）中的钢筋人工乘以系数 1.25。

劲性混凝土中有型钢，钢筋与型钢互相之间施工操作难度增加，故人工存在降效，如图 5-3 所示。

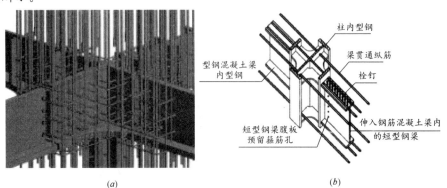

(a)                                                  (b)

图 5-3  劲性混凝土钢筋示意图

(a) 施工做法；(b) 三维图

16. 定额中设置钢筋间隔件子目，发生时按实计算，如图 5-4 所示。

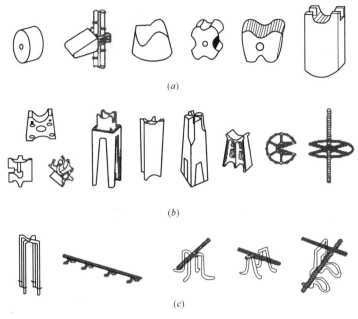

图 5-4　间隔件示意图

(*a*) 水泥基类间隔件；(*b*) 塑料类间隔件；(*c*) 金属类间隔件

钢筋间隔件定额子目，适用于在钢筋和模板之间放置表层间隔件的构件且该构件的模板定额子目中无 1：2 水泥砂浆（例如柱、墙等）。

17. 对拉螺栓增加子目，主要适用于混凝土墙中设置不可周转使用的对拉螺栓的情况，按照混凝土墙的模板接触面积乘以系数 0.5 计算，如地下室墙体止水螺栓。

对拉螺栓增加子目，材料中按直径 φ14 的成品对拉螺栓列项，设计与定额不同时可以换算。

因模板是两面支设的，即定额考虑一面混凝土墙，两面都有模板，故 0.5（单面）×2（双面）＝1（面）墙共用 1 根考虑，为保证双面用 1 根考虑，如图 5-30 所示。

四、预制构件安装。

混凝土构件安装项目中，凡注明现场预制的构件，其构件按本章第二节有关子目计算，凡注明成品的构件，按其商品价格计入工程造价内。

各类预制混凝土构件安装就位后的灌缝，均套用相应构件的灌缝定额项目，其工程量按构件的体积计算。

本节定额不包括起重机械、运输机械行驶道路的修整、铺垫工作所消耗的人工、材料和机械。若发生时按实计算。

本节定额是按机械起吊中心回转半径≤15m 的距离编制的。

定额中包括每一项工作循环中机械必要的位移。

1. 本节定额的安装高度≤20m。

2. 本节定额中机械吊装是按单机作业编制的。

3. 本节定额安装项目是以轮胎式起重机、塔式起重机（塔式起重机台班消耗量包括在垂直运输机械项目内）分别列项编制的。如使用汽车式起重机时，按轮胎起重机相应定额项目乘以系数1.05。

4. 小型构件安装是指单体体积≤0.1m³，且本节定额中未单独列项的构件。

定额其他混凝土构件（小型构件）项目，是指单体体积在0.1m³（人力安装）和0.5m³（5t汽车吊安装）以内，定额中未单独列项的构件安装。

5. 升板预制柱加固是指柱安装后，至楼板提升完成期间所需要的加固搭设。

6. 预制混凝土构件安装子目均不包括为安装工程所搭设的临时性脚手架及临时平台，发生时按有关规定另行计算。

7. 预制混凝土构件必须在跨外安装就位时，按相应构件安装子目中的人工、机械台班乘以系数1.18。使用塔式起重机安装时，不再乘以系数。

## 第二节　工程量计算规则

一、现浇混凝土工程量，按以下规定计算：

混凝土，工程量除另有规定者外，均按图示尺寸以体积计算。不扣除构件内钢筋，铁件及墙、板中≤0.3m²的孔洞所占体积，但劲性混凝土中的金属构件、空心楼板中的预埋管道所占体积应予扣除。

不扣除≤0.3m²的孔洞所占体积是指大面积的现浇墙和现浇板的情况。

在施工中，为了铺设管道、管线等安装各种工具，常需要在构件上预留或钻设孔洞。如果这些孔洞的单孔正截面面积在0.3m²以内时，计算的工程量将不扣除这些孔洞所占的体积；但是留设孔洞时所需的用工、材料等费用不另行增加。当单孔正截面面积超过0.3m²时，应扣除此孔洞所占混凝土体积。

举例说明钢筋所占用混凝土体积分析，但是定额中不扣除构件内钢筋所占的体积：

某建筑物建筑面积10000m²，含钢量为60kg/m²，混凝土含量为0.5m³/m²；

钢筋总重量是：10000×60/1000＝600（T）

钢筋所占体积：600/7.85＝76.43（m³）。

在图纸净用量和工程实际需要的净用量之间有76.43m³的差距，当混凝土含量为0.5m³/m²考虑时，则混凝土计算用量为5000m³，钢筋所占的混凝土用量为76.43/5000≈1.53％。

劲性混凝土中的金属构件可按密度7850kg/m³扣除体积。

有关温度控制费用的说明：按规定需要进行温度控制的大体积混凝土（混凝土结构物实体积最小几何尺寸大于1m，且按规定需进行温度控制的大体积混凝土），温度控制费用按照经批准的专项施工方案另行计算。

1. 基础。

（1）带形基础，外墙按设计外墙中心线长度、内墙按设计内墙基础净长度乘以设计断面面积，以体积计算。

（2）满堂基础，按设计图示尺寸以体积计算。

（3）箱式满堂基础分别按无梁式满堂基础、柱、墙、梁、板有关规定计算，套用相应定额子目。

（4）独立基础，包括各种形式的独立基础及柱墩，其工程量按图示尺寸以体积计算。

柱与柱基的划分以柱基的扩大顶面为分界线，如图 5-5 所示。

如图 5-5 所示，在计算独立基础工程量时，需要把框架柱部分增大到（截面长边＋$s$ ×2）和（截面短边＋$s$×2）调整的工程量以及柱墩增加的工程量。

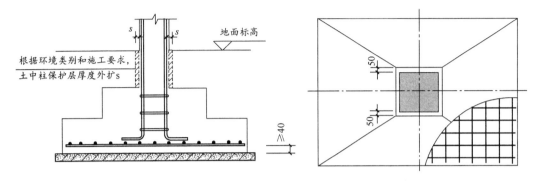

图 5-5 独立基础上框架柱混凝土增加部分示意图

（5）带形桩承台按带形基础的计算规则计算，独立桩承台按独立基础的计算规则计算。不扣除伸入承台基础的桩头所占体积。

（6）设备基础，除块体基础外，分别按基础、柱、梁、板、墙等有关规定计算，套用相应定额子目。楼层上的钢筋混凝土设备基础，按有梁板项目计算。

2.柱按图示断面尺寸乘以柱高以体积计算。柱高按下列规定确定：

（1）现浇混凝土柱与基础的划分，以基础扩大面的顶面为分界线，以下为基础，以上为柱。框架柱的柱高，自柱基上表面至柱顶高度计算，如图 5-6 所示。

（2）板的柱高，自柱基上表面（或楼板上表面）至上一层楼板上表面之间的高度计算，如图 5-6、图 5-7 所示。

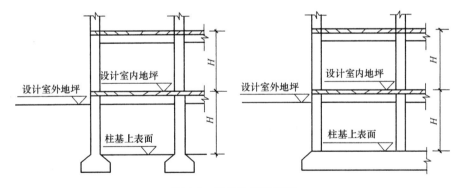

图 5-6 框架柱高示意图

（3）无梁板的柱高，自柱基上表面（或楼板上表面）至柱帽下表面之间的高度计算，如图 5-8 所示。

（4）构造柱按设计高度计算，与墙嵌接部分（马牙槎）的体积，按构造柱出槎长度的一半（有槎与无槎的平均值）乘以出槎宽度，再乘以构造柱柱高，并入构造柱体积内计算，如图 5-9、图 5-10 所示。

独立现浇门框按构造柱项目执行。

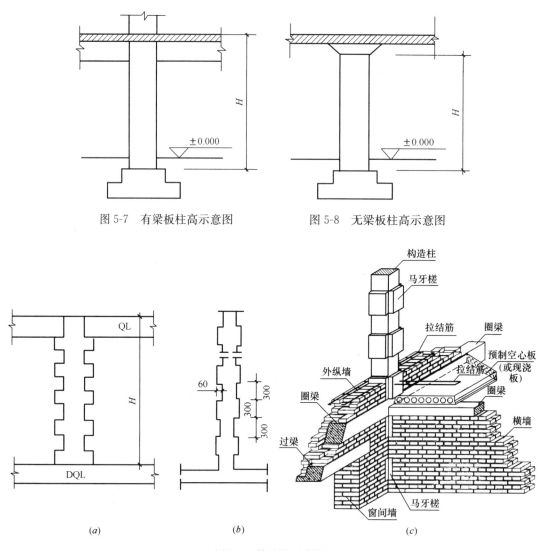

图 5-7 有梁板柱高示意图　　　　图 5-8 无梁板柱高示意图

图 5-9 构造柱示意图

(a) 构造柱柱高；(b) 构造柱立面；(c) 构造柱马牙槎

（5）依附柱上的牛腿，并入柱体积内计算，如图 5-11 所示。

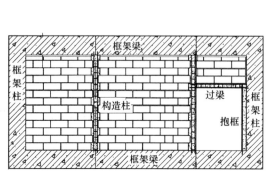

图 5-10 二次结构示意图

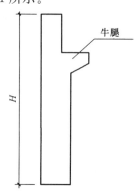

图5-11 带牛腿的现浇混凝土柱高示意图

3. 梁按图示断面尺寸乘以梁长以体积计算。梁长及梁高按下列规定确定：

（1）梁与柱连接时，梁长算至柱侧面，如图 5-12 所示。

因梁与柱的接头部分已算到柱内，不重复计算。

注意：当计算节点核心区与梁混凝土强度不同时的工程量时，需分别计算不同强度等级的混凝土工程量，如图 5-13 所示。

（2）主梁与次梁连接时，次梁长算至主梁侧面。伸入墙体内的梁头、梁垫体积并入梁体积内计算，如图 5-14 所示。

（3）过梁长度按设计规定计算，设计无规定时，按门窗洞口宽度，两端各加 250mm 计算，如图 5-15 所示。

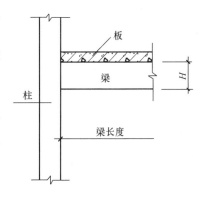

图 5-12　梁与柱连接示意图

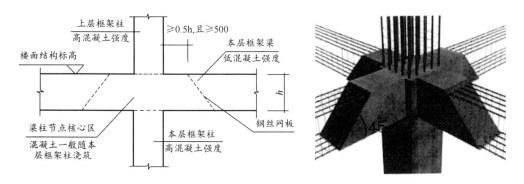

图 5-13　节点核心区与梁混凝土强度不同示意图

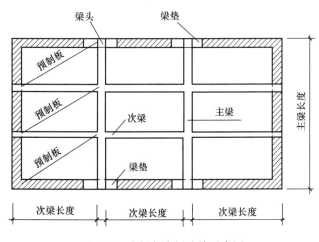

图 5-14　主梁与次梁连接示意图

（4）房间与阳台连通，洞口上坪与圈梁连成一体的混凝土梁，按过梁的计算规则计算工程量，执行单梁子目。

房间和阳台连通，洞口上端是连通的混凝土梁，其结构形式与单梁相同，应执行单梁子目。

（5）圈梁与梁连接时，圈梁体积应扣除伸入圈梁内的梁体积。圈梁与构造柱连接时，圈梁长度算至构造柱侧面。构造柱有马牙槎时，圈梁长度算至构造柱主断面的侧面。基础圈梁，按圈梁计算，如图5-16所示。

因《建筑工程劳动定额》中"圈梁及压顶"项目中合并考虑，故在定额中也按照合并考虑，不区分圈梁与压顶项目。

（6）在圈梁部位挑出外墙的混凝土梁，以外墙外边线为界限，挑出部分按图示尺寸以体积计算，如图5-15所示。

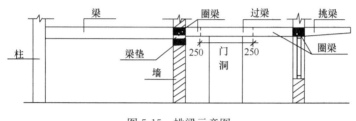 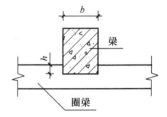

图5-15 挑梁示意图　　　　　　　图5-16 圈梁与梁相连时示意图

（7）梁（单梁、框架梁、圈梁、过梁）与板整体现浇时，梁高计算至板底。

基础梁系指位于地基或垫层上，连接独立基础、条形基础或桩承台的梁。

现浇混凝土构件中弯曲梁半径≤12m的，按弧形梁执行；半径＞12m的，按矩形梁执行。

4. 墙按图示中心线长度尺寸乘以设计高度及墙体厚度，以体积计算。扣除门窗洞口及单个面积＞0.3m²孔洞的体积，墙垛突出部分并入墙体积内计算。

（1）现浇混凝土墙（柱）与基础的划分以基础扩大面的顶面为分界线，以下为基础，以上为墙（柱）身。

（2）现浇混凝土柱、梁、墙、板的分界：

①混凝土墙中的暗柱、暗梁，并入相应墙体积内，不单独计算。

②混凝土柱、墙连接时，柱单面凸出大于墙厚或双面凸出墙面时，柱、墙分别单独计算，墙算至柱侧面；柱单面凸出小于墙厚时，其凸出部分并入墙体积内计算，如图5-17所示。

③梁、墙连接时，墙高算至梁底。

④墙、墙相交时，外墙按外墙中心线长度计算，内墙按墙间净长度计算。

⑤柱、墙与板相交时，柱和外墙的高度算至板上坪，内墙的高度算至板底；板的宽度按外墙间净宽度（无外墙时，按板边缘之间的宽度）计算，不扣除柱、垛所占板的面积。

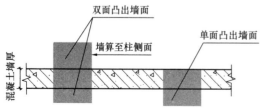

图5-17 混凝土柱、墙连接示意图

（3）电梯井壁，工程量计算执行外墙的相应规定。

（4）轻型框剪墙，由剪力墙柱、剪力

墙身、剪力墙梁三类构件构成，计算工程量时按混凝土墙的计算规则合并计算。

5. 板按图示面积乘以板厚以体积计算。其中：

（1）有梁板包括主、次梁及板，工程量按梁、板体积之和计算，如图 5-18 所示。

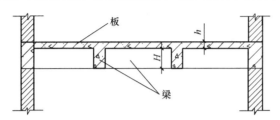

图 5-18　有梁板示意图（包括主、次梁与板）

（2）无梁板按板和柱帽体积之和计算，如图 5-19 所示。

（3）平板按板图示体积计算。伸入墙内的板头、平板边沿的翻檐，均并入平板体积内计算，如图 5-20 所示。

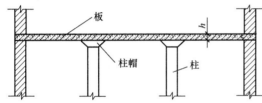

图 5-19　无梁板示意图（包括柱帽）　　　　图 5-20　平板示意图

砌体墙根部现浇混凝土带（如卫生间混凝土防水台）执行圈梁相应项目。

压型钢板与混凝土组合板：在带有凹凸肋和槽纹的压型钢板上浇筑混凝土而制成的组合板，依靠凹凸肋与钢板紧密地结合在一起，常用于超高层核心筒外部分，如图 5-21 所示。压型钢板混凝土楼板执行现浇平板相应项目，计算体积时应扣除压型钢板以及因其板面凹凸嵌入板内的凹槽所占的体积，如图 5-22 所示。

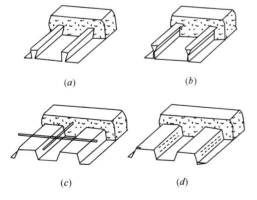

图 5-21　压型钢板组合楼板的基本形式示意图
（a）缩口板；（b）闭口板；
（c）光面开口板；（d）带压痕开口板

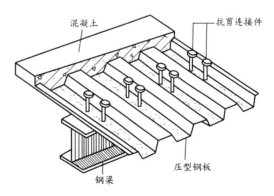

图 5-22　压型钢板混凝土楼板示意图

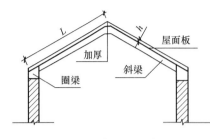

图 5-23 斜屋面示意图

（4）轻型框剪墙支撑的板按现浇混凝土平板的计算规则，以体积计算。

（5）斜屋面按板断面积乘以斜长，有梁时，梁板合并计算。屋脊处加厚混凝土已包括在混凝土消耗量内，不单独计算。如图 5-23 所示。

斜梁（板）是按坡度在≤30°综合考虑的。坡度＞30°、坡度≤45°的人工乘以系数 1.05；坡度＞45°、坡度≤60°的人工乘以系数 1.10。

（6）预制混凝土板补现浇板缝，40mm＜板底缝宽≤100mm 时，按小型构件计算；板底缝宽＞100mm，按平板计算。

（7）斜屋面顶板，按斜板计算，屋脊处八字脚的加厚混凝土（素混凝土）已包括在消耗量内，不单独计算。若屋脊处八字脚的加厚混凝土配置钢筋作梁使用，应按设计尺寸并入斜板工程量内计算。

（8）现浇挑檐与板（包括屋面板）连接时，以外墙外边线为界限，与圈梁（包括其他梁）连接时，以梁外边线为界限。外边线以外为挑檐，如图 5-24 所示。

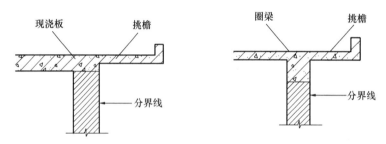

图 5-24 现浇混凝土挑檐板分界线示意图

（9）叠合箱、蜂巢芯混凝土楼板扣除构件内叠合箱、蜂巢芯所占体积，按有梁板相应规则计算。

按有梁板的计算规则，即叠合箱网梁楼盖及蜂巢芯空心楼盖里设计的框架梁、主次肋梁均不单独计算工程量，而是按梁板体积合并计算。这里再次强调，虽然按有梁板计算规则计算，但是定额套用时执行大型空心板子目。

6. 其他。

（1）整体楼梯包括休息平台、平台梁，楼梯底板、斜梁及楼梯的连接梁、楼梯段，按水平投影面积计算，不扣除宽度≤500mm 的楼梯井，伸入墙内部分不另增加。踏步旋转楼梯，按其楼梯部分的水平投影面积乘以周数计算（不包括中心柱），如图 5-25 所示。

现浇混凝土楼梯有两种做法，一种是板式楼梯，一种是斜梁式楼梯，计算工程量时，无论板式还是梁式，均执行定额不调整。

混凝土楼梯子目（含直形楼梯和旋转楼梯），按踏步底板（不含踏步和踏步底板下的梁）和休息平台板板厚均为 100mm 编制。若踏步底板、休息平台的板厚设计与定额不同时，按定额子目 5-1-43 调整。

① 混凝土楼梯（含直形和旋转形）与楼板，以楼梯顶部与楼板的连接梁为界，连接

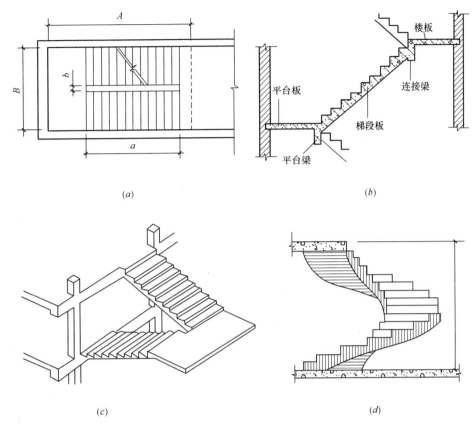

图 5-25 现浇混凝土楼梯示意图
(a) 平面图；(b) 剖面图；(c) 三维图；(d) 螺旋楼梯示意图

梁以外为楼板；楼梯基础，按基础的相应规定计算。

② 踏步底板、休息平台的板厚不同时，应分别计算。踏步底板的水平投影面积包括底板和连接梁；休息平台的投影面积包括平台板和平台梁。

③ 弧形楼梯，按旋转楼梯计算。

④ 独立式单跑楼梯间，楼梯踏步两端的板，均视为楼梯的休息平台板。非独立式楼梯间单跑楼梯，楼梯踏步两端宽度（自连接梁外边沿起）≤1.2m 的板，均视为楼梯的休息平台板，单跑楼梯侧面与楼板之间的空隙视为单跑楼梯的楼梯井。

（2）阳台、雨篷按伸出外墙部分的水平投影面积计算，伸出外墙的牛腿不另计算，其嵌入墙体的梁另按梁有关规定单独计算；雨篷的翻檐按展开面积，并入雨篷内计算。井字梁雨篷，按有梁板计算规则计算。

混凝土阳台（含板式和有梁式）子目，按阳台板厚100mm编制。混凝土雨篷子目，按板式雨篷、板厚100mm编制。若阳台、雨篷板厚设计与定额不同时，按定额子目5-1-47调整。

（3）栏板以体积计算，伸入墙内的栏板，与栏板合并计算。

（4）混凝土挑檐、阳台、雨篷的翻檐，总高度≤300mm 时，按展开面积并入相应工程量内；总高度>300mm 时，按栏板计算。三面梁式雨篷，按有梁式阳台计算。

（5）飘窗左、右的混凝土立板，按混凝土栏板计算。飘窗上、下的混凝土挑板、空调外机的混凝土搁板，按混凝土挑檐计算。

（6）单件体积≤0.1m³且定额未列子目的构件，按小型构件以体积计算。

二、预制混凝土工程量，按以下规定计算。

本章编列的预制构件定额子目按现场预制的情况编制，仅考虑现场预制的情况，供施工单位现场预制时使用。加工厂预制构件按成品件考虑。若实际采购成品构件时，其构件价格按合同约定。吊装执行本章第五节的相应安装项目，运输执行第十九章中的相应项目。

1. 混凝土工程量均按图示尺寸以体积计算，不扣除构件内钢筋、铁件、预应力钢筋所占的体积。

2. 预制混凝土框架柱的现浇接头（包括梁接头）按设计规定断面和长度以体积计算。

3. 混凝土与钢构件组合的构件，混凝土部分按构件实体积以体积计算。钢构件部分按理论重量，以质量计算。

三、混凝土搅拌制作和泵送子目，按各混凝土构件的混凝土消耗量之和，以体积计算。

混凝土构件按各自计算规则计算出工程量后，乘以相应的混凝土消耗量，以体积单独执行混凝土搅拌制作和泵送项目。当为竖向构件（混凝土柱、墙和后浇带）时，混凝土构件的混凝土消耗量之和是指混凝土消耗量和水泥抹灰砂浆1：2消耗量之和的含量。

施工单位自行制作泵送混凝土，其泵送剂以及由于混凝土坍落度增大和使用水泥砂浆润滑输送管道而增加的水泥用量等内容，执行5-3-15泵送混凝土增加材料子目。子目中的水泥强度等级、泵送剂的规格和用量，设计与定额不同时，可以换算，其他不变。

泵送混凝土中的外加剂，如使用复合型外加剂（同一种材料兼做泵送剂、减水剂、速凝剂、早强剂、抗冻剂等），应按材料的技术性能和泵送混凝土的技术要求计算掺量。外加剂所具有的除泵送剂以外的其他功能因素不单独计算费用，冬雨期施工增加费，仍按规定计取（即复合型外加剂在计算掺量时，应依据其作为泵送剂的技术参数计算，依此参数计算调整混凝土配比或价格后，不得再以其作为其他外加剂的参数计算掺量，调整配比或价格）。

四、钢筋工程量及定额应用，按以下规定计算。

1. 钢筋工程应区别现浇、预制构件，不同钢种和规格，计算时分别按设计长度乘以单位理论重量，以质量计算。钢筋电渣压力焊接、套筒挤压等接头，按数量计算。如图5-26所示。

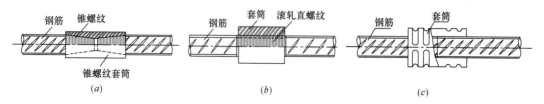

图5-26 常用套筒连接形式示意图

（a）锥螺纹套筒；（b）直螺纹套筒；（c）冷挤压

钢筋工程量＝图示钢筋长度(m)×单位理论质量(kg/m)÷1000

图示钢筋长度＝构件尺寸－保护层厚度＋弯起钢筋增加长度＋两端弯钩长度＋图纸注明（或规范规定）的搭接长度

"设计长度"严格来说是指中心线长度。因施工图设计文件中需按照《混凝土结构设计规范》GB 50010—2010 相关规定考虑，故当纵向受拉普通钢筋末端采用弯钩锚固措施时，弯钩的技术要求是都需要考虑钢筋弯弧内径。

钢筋每米重量计算方法：

(1) $0.00617 \times d^2$（$d$ 为钢筋直径）

(2) 单位理论重量可查表 5-2 直接找到（截面面积×7850kg/m³），

例如：公称直径为 20 时，单位理论重量计算方法为：314.2(π×钢筋半径²)×7850＝2.46647≈2.47kg/m

钢筋每米长度理论质量　　　　　　　　　　表 5-2

| 公称直径<br>（mm） | 单根钢筋理论重量<br>（kg/m） | 截面面积<br>（mm²） | 公称直径<br>（mm） | 单根钢筋理论重量<br>（kg/m） | 截面面积<br>（mm²） |
|---|---|---|---|---|---|
| 6 | 0.222 | 28.3 | 18 | 2.00 | 254.5 |
| 6.5 | 0.260 | 33.2 | 20 | 2.47 | 314.2 |
| 8 | 0.395 | 50.3 | 22 | 2.98 | 380.1 |
| 10 | 0.617 | 78.5 | 25 | 3.85 | 490.9 |
| 12 | 0.888 | 113.1 | 28 | 4.83 | 615.8 |
| 14 | 1.21 | 153.9 | 32 | 6.31 | 804.2 |
| 16 | 1.58 | 201.1 | 36 | 7.99 | 1017.9 |

电渣压力焊接头中定额已包括钢筋烧容量的损耗量。

螺纹套筒钢筋接头中定额已包括切割马蹄头与切除钢筋的损耗量。

2. 计算钢筋工程量时，设计规定钢筋搭接的，按规定搭接长度计算；设计、规范未规定的，已包括在钢筋的损耗率之内，不另计算搭接长度。

3. 先张法预应力钢筋，按构件外形尺寸计算长度；后张法预应力钢筋按设计规定的预应力钢筋预留孔道长度，并区别不同的锚具类型，分别按下列规定计算。

预应力的施加方法，根据与构件制作相比较的先后顺序，分为先张法、后张法两大类。当工程所处环境温度低于—15℃时，不宜进行预应力筋张拉。

先张法是在台座或模板上先张拉预应力筋并用夹具临时固定，再浇筑混凝土，待混凝土达到一定强度后，放张预应力筋，通过预应力筋与混凝土的粘结力，使混凝土产生预压应力的施工方法。

后张法是在混凝土达到一定强度的构件或结构中，张拉预应力筋并用锚具永久固定，使混凝土产生预应力的施工方法。

(1) 低合金钢筋两端采用螺杆锚具时，预应力钢筋按预留孔道长度减 0.35m，螺杆另行计算。

螺杆锚具是将丝端螺杆与预应力钢筋对焊连接，是设在构件端部，用来固定预应力钢筋并使之能进行张拉的一种锚具。

（2）低合金钢筋一端采用镦头插片，另一端为螺杆锚具时，预应力钢筋长度按预留孔道长度计算，螺杆另行计算。

镦头即将钢筋头捶打变粗形成灯泡形圆头套入一种专用锚板的孔内进行固定的一种工艺。

（3）低合金钢筋一端采用镦头插片，另一端采用帮条锚具时，预应力钢筋长度增加0.15m；两端均采用帮条锚具时，预应力钢筋长度共增加0.3m。

帮条锚具是在衬板外用三根帮条（短钢筋）用电焊与预应力钢筋焊接的一种锚固工艺。

（4）低合金钢筋采用后张混凝土自锚时，预应力钢筋长度增加0.35m。

这是用于锚具钢筋束或钢绞线的一种锚具。一般预留孔道短时，多采用一端锚固，另一端张拉，因此增加长度可短些。当预留孔道长时，多采用两端张拉，因此钢筋增加长度就要长些。

（5）低合金钢筋或钢绞线采用JM、XM、QM型锚具，孔道长度≤20m时，预应力钢筋长度增加1m；孔道长度＞20m时，预应力钢筋长度增加1.8m。

（6）碳素钢丝采用锥形锚具，孔道长度≤20m时，预应力钢筋长度增加1m；孔道长度＞20m时，预应力钢筋长度增加1.8m。

后张混凝土自锚，是利用混凝土自身强度来自锚，而不另用其他锚具。在制作构件时，把预留孔道端部扩大为具有一定直径和长度的锥形孔（一般称为自锚孔），当预应力钢筋张拉完毕后，在自锚孔内浇捣混凝土，待这部分混凝土达到一定强度后，把钢筋凝固在一起成为一个自锚头，起到锚固钢筋的作用。

（7）碳素钢丝两端采用镦粗头时，预应力钢丝长度增加0.35m。

4. 其他。

（1）马凳。

① 现场布置是通长设置按设计图纸规定或已审批的施工方案计算。

制作马凳使用的钢筋，其规格应确保承受荷载不变形，间距应满足钢筋骨架承载要求，马凳位于上下铁之间。

马凳高度＝板厚度－上下钢筋保护层厚度－上层两排钢筋直径之和－下层下排钢筋直径

现场布置是通长形式马凳设置的按设计图纸规定或已审批的施工方案计算，注意是已审定的施工方案。

② 设计无规定时现场马凳布置方式是其他形式的，马凳的材料应比底板钢筋降低一个规格（若底板钢筋规格不同时，按其中规格大的钢筋降低一个规格计算），长度按底板厚度的2倍加200mm计算，按1个/m² 计入马凳筋工程量，如图5-27所示。

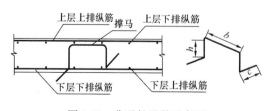

图5-27　非通长马凳示意图

马凳布置方式是其他形式的，是指非通长形式。长度按底板厚度的2倍加200mm计算。

如图5-27所示，实际马凳高度h＝板厚度－上下钢筋保护层厚度－上层两排钢筋直径之和－下层下排钢筋直径。

《山东省住宅工程质量通病专项治理措施手册》第 1.10 条规定：应加强对现浇楼板负弯矩钢筋位置的控制。控制负弯矩钢筋位置应设置足够强度、刚度的通长钢筋马凳，马凳底部应有防锈措施。双层上排钢筋应设置钢筋小马凳，每平方米不得少于 2 只。

（2）墙体拉结 S 钩，设计有规定的按设计规定，设计无规定按 Φ8 钢筋，长度按墙厚加 150mm 计算，按 3 个/m² 计入钢筋总量。

（3）砌体加固钢筋按设计用量以质量计算。

有关植筋的说明：植筋项目不包括植入的钢筋制安，植入的钢筋制安按相应钢筋制安项目执行。植筋定额里含有的钢筋，是钢筋植入时的损耗，不是植入钢筋的本体。

（4）锚喷护壁钢筋、钢筋网按设计用量以质量计算，防护工程的钢筋锚杆，护壁钢筋、钢筋网，执行现浇构件钢筋子目。

有关钢丝网的说明：不同材料基层交接处表面的抹灰，应加强防止开裂的加强措施，可在接缝处设置加强网。管线槽填补后，应在接缝处设置加强网。如图 5-28、图 5-29 所示。

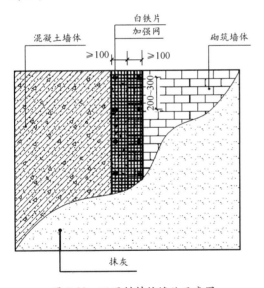

图 5-28　不同材料接缝处示意图

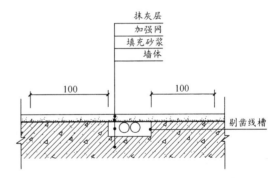

图 5-29　管线槽填补抹灰示意图

（5）螺纹套筒接头、冷挤压带肋钢筋接头、电渣压力焊接头，按设计要求或按施工组织设计规定，以数量计算。

（6）混凝土构件预埋铁件工程量，按设计图纸尺寸，以质量计算。

计算铁件工程量时，不扣除孔眼、切肢、切边的重量，焊条的重量不另计算。对于不规则形状的钢板，按其最长对角线乘以最大宽度所形成的矩形面积计算。

（7）桩基工程钢筋笼制作安装，按设计图示长度乘以理论重量，以质量计算。

钢筋笼制作安装子目（5-4-84）适用于第二章地下连续墙和桩基子目。

（8）钢筋间隔件子目，发生时按实际计算。编制标底时，按水泥基类间隔件 1.21 个/m²（模板接触面积）计算编制。设计与定额不同时可以换算。

钢筋间隔件定额子目，材料中按水泥基类间隔件列项，若材料为塑料类或金属类等，可直接替换。

（9）对拉螺栓增加子目，按照混凝土墙的模板接触面积乘以系数 0.5 计算，如图 5-30 所示。

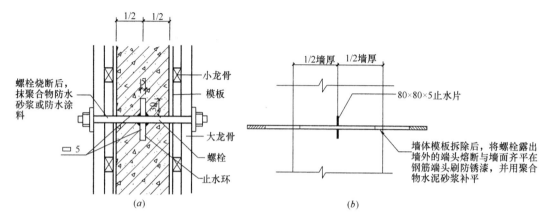

图 5-30　对拉螺栓增加构造示意图

（a）对拉螺栓剖面图；（b）对拉螺栓大样图

五、预制混凝土构件安装，均按图示尺寸，以体积计算。

1. 预制混凝土构件安装子目中的安装高度，指建筑物的总高度。

定额安装项目中注明安装高度三层以内、六层以内者，是指建筑物的总的层数。

2. 焊接成型的预制混凝土框架结构，其柱安装按框架柱计算；梁安装按框架梁计算。

3. 预制钢筋混凝土工字形柱、矩形柱、空腹柱、双肢柱、空心柱、管道支架等的安装，均按柱安装计算。

4. 柱加固子目，是指柱安装后至楼板提升完成前的预制混凝土柱的搭设加固。其工程量按提升混凝土板的体积计算。

5. 组合屋架安装，以混凝土部分的实体积计算，钢杆件部分不另计算。

6. 预制钢筋混凝土多层柱安装，首层柱按柱安装计算，二层及二层以上按柱接柱计算。

# 第六章 金属结构工程

## 第一节 定额说明及解释

一、本章定额包括金属结构制作、无损探伤检验、除锈、平台摊销、金属结构安装五节。

二、本章构件制作均包括现场内（工厂内）的材料运输号料、加工、组装及成品堆放、装车出厂等全部工序。

三、本章定额金属构件制件包括各种杆件的制作、连接以及拼装成整体构件所需的人工、材料及机械台班用量（不包括为拼装钢屋架、托架、天窗架而搭设的临时钢平台）。在套用了本章金属构件制作项目后，拼装工作不再单独计算。本章 6-5-26 至 6-5-29 拼装子目只适用于半成品构件的拼装。本章安装项目中，均不包含拼装工序。

一般拼装和安装是针对钢屋架、托架、天窗架而言的，拼装是指将原材料构件组合成屋架，安装是指将拼装完成的屋架安装至屋面。拼装是把散的东西做成整体，安装是把这个整体的物件安放在使用需求的地方。在套用了本章金属构件制作项目后，拼装工作不再单独计算。本章 6-5-26～6-5-29 拼装子目（包括轻钢屋架、钢屋架、钢天窗架的拼接）只适用于半成品构件的拼装。

本章安装项目中，均不包含拼装工序（钢网架安装定额综合考虑了安装和拼装工作）。

金属构件大部分是在加工厂进行构件制作、简单拼装后运至现场进行整体拼装，拼装好后进行整体吊装。在此过程中，现场拼装工作视为钢构件制作的组成部分，不再另行计算。

钢屋架（含轻钢屋架）、托架、天窗架不论是否搭设钢平台或何种形式的平台，均需计算平台摊销，平台摊销工程量与构件制作量相同，平台摊销子目消耗量不得调整；其他钢构件，无论是否搭设钢平台，均不计算平台摊销。

例：某工程有实腹钢柱 24 根，每根长 18m、重 4.5t，有钢屋架 12 榀，每榀长 18m、重 0.9t；施工单位在附属加工厂进行构件制作，每根钢柱分 2 段制作、每榀屋架分 3 段制作，均在现场拼装，现场用混凝土浇筑了一块场地用作构件拼装，该场地钢构拼装完后用作项目宣传广场，混凝土地面距吊装机械在 15m 内。对钢构件制作、安装进行套项。

金属构件制作：钢柱制作 108t，套 6-1-1 实腹钢柱制作≤5t；钢屋架制作 10.8t，套 6-1-5 轻钢屋架制作；平台摊销 10.8t，套 6-4-1 钢屋架、托架、天窗架≤1.5t 平台摊销。

金属构件安装：钢柱安装 108t，套 6-5-1 钢柱安装≤5t；钢屋架安装 10.8t，套 6-5-3 轻钢屋架安装。

四、金属结构的各种杆件的连接以焊接为主，焊接前连接两组相邻构件使其固定以及构件运输时为避免出现误差而使用的螺栓，已包括在制作子目内。

五、本章构件安装未包括堆放地至起吊点运距＞15m 的现场范围内的水平运输发生时按本定额"第十九章　施工运输工程"相应项目计算。

六、金属构件制作子目中，钢材的规格和用量，设计与定额不同时，可以调整，其他不变（钢材的损耗率为 6％）。

材料消耗量＝材料制作用量×（1＋制作损耗率）

七、钢零星构件，系指定额未列项的，且单体重量≤0.2t 的金属构件。

八、需预埋入钢筋混凝土中的铁件、螺栓按本定额"第五章　钢筋及混凝土工程"相应项目计算。

套用定额子目 5-4-64 铁件制作、5-4-65 铁件安装（成品考虑）。

九、本章构件制作项目中，均已包括除锈刷一遍防锈漆。本章构件制作中要求除锈等级为 Sa2.5 级，设计文件要求除锈等级≤Sa2.5 级，不另套项；若设计文件要求除锈等级为 Sa3 级，则每定额制作单位增加人工 0.2 工日、机械 10m³/min 电动空气压缩机 0.2 台班。

根据《涂覆涂料前钢材表面处理　表面清洁度的目视评定　第 1 部分：未涂覆过的钢材表面和全面清除原有涂层后的钢材表面的锈蚀等级和处理等级》GB/T 8923.1—2011 及常规施工做法，防锈、防腐涂装前除锈等级一般不低于 Sa2，而目前大多数除锈等级为 Sa2½。

《建设工程劳动定额》LD/T 73.1-4—2008 钢构件制作中描述"除锈，刷防锈漆一遍"，也未进行量化；本次定额编制将钢构件制作除锈确定为 Sa2½ 级。

十、本章构件制作中防锈漆为制作、运输、安装过程中防护性防锈漆，设计文件规定的防锈，防腐油漆另行计算，制作子目中的防锈漆工料不扣除。

十一、在钢结构安装完成后、防锈漆或防腐等涂装前，需对焊缝节点处、连接板、螺栓、底漆损坏处等进行除锈处理，此项工作按实际施工方法套用本章相应除锈子目，工程量按制作工程量的 10％计算。

十二、成品金属构件或防护性防锈漆超出有效期（构件出场后 6 个月）发生锈蚀的构件，如需除锈，套用本章除锈相关子目计算。

如需除锈，套用定额 6-3-1～6-3-6 定额。

本章定额规定的除锈工作适用于以下两种情况：

（1）成品金属构件，如需除锈，套用上述定额；

（2）已套用了金属构件制作，在构件出场后 6 个月内未进行下道油漆而发生锈蚀的，套用上述定额。

环氧富锌漆为近年发展起来的新材料，防护效果及可焊性好，根据融合新材料的原则，将金属构件制作子目中的红丹防锈漆调整为环氧富锌底漆。根据产品性能测算，环氧防锈底漆理论涂刷面积为 4.8m²/kg（干膜厚度 50μm 时），钢材平均按 10mm 厚钢板考虑，测算每吨钢构防锈漆用量为 5.44kg。根据该材料在诸多钢结构工程中的使用情况，环氧富锌底漆有效防护周期在 6 个月左右，故将防护性防锈漆的有效期确定为 6 个月。

设计文件规定的防锈、防腐油漆应在构件出场后 6 个月内进行，否则将发生锈蚀，除锈工作按实际施工方案套用本章 6-3-1～6-3-6 相应子目（该费用由责任方承担）。

十三、本章除锈子目《涂覆涂料前钢材表面处理　表面清洁度的目视评定　第 1 部分：未涂覆过的钢材表面和全面清除原有涂层后的钢材表面的锈蚀等级和处理等级》GB/T 8923.1—2011中锈蚀等级C级考虑除锈至Sa2.5或St2，若除锈前锈蚀等级为B级或D级，相应定额应分别乘以系数0.75或1.25，相关定义参见该标准。

本章除锈子目《涂覆涂料前钢材表面处理　表面清洁度的目视评定　第1部分：未涂覆过的钢材表面和全面清除原有涂层后的钢材表面的锈蚀等级和处理等级》GB/T 8923.1—2011中锈蚀等级C级考虑至Sa2.5或St2，若除锈前锈蚀等级为B级或D级，相应定额应分别乘以0.75或1.25，相关定义参见该标准（喷射清理等级Sa2.5：在不放大的情况下观察时，表面没有可见的油、脂和污物，并且没有氧化皮、铁锈、涂层和外来杂质。任何污染物的残留痕迹应仅呈现为点状或条纹状的轻微色斑。喷射清理等级Sa3：在不放大的情况下观察时，表面应无可见的油、脂和污物，并且没有氧化皮、铁锈、涂层和外来杂质。该表面应具有均匀的金属光泽。手工和动力工具清理等级St2：在不放大的情况下观察时，表面应无可见的油、脂、污物，并且没有附着不牢的氧化皮、铁锈、涂层和外来杂质）。

十四、网架结构中焊接钢板节点、焊接钢管节点、杆件直接交汇节点的制作、安装，执行焊接空心球网架的制作、安装相应子目。

十五、实腹柱是指十字、T、L、H形等，空腹钢柱是指箱型、格构型等。

十六、轻钢檩条间的钢拉条的制作、安装，执行屋架钢支撑相应子目。

十七、成品H型钢制作的柱、梁构件，相应制作子目人工、机械及除钢材外的其他材料乘以系数0.6。

十八、本章钢材如为镀锌钢材，则将主材调整为镀锌钢材，同时扣除人工3.08工日/t，扣除制作定额内环氧富锌底漆及钢丸含量。

十九、制作项目中的钢管按成品钢管考虑，如实际采用钢板加工而成的，需将制作项目中主材价格进行换算，人工、机械及除钢材外的其他材料乘以系数1.5。

二十、劲性混凝土的钢构件套用本章相应定额子目时，定额未考虑开孔费。如需开孔，钢构件制作定额的人工、机械乘以系数1.15，如图6-1所示。

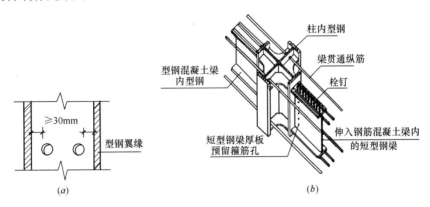

图6-1　型钢开孔构造和开孔目的示意图
(a) 型钢开孔的构造；(b) 开孔目的示意图

因钢筋能通则通，在遇到型钢时，需要进行开孔通过。开孔应在工厂加工预留，严禁在现场制孔。

二十一、劲性混凝土柱（梁）中的钢筋在执行定额相应子目时人工乘以系数 1.25。劲性混凝土柱（梁）中的混凝土在执行定额相应子目时人工、机械乘以系数 1.15，如图 6-2 所示。

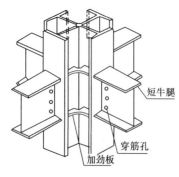

短牛腿

穿筋孔

加劲板

图 6-2　型钢梁柱节点示意图

劲性混凝土柱（梁）中的混凝土与第五章相同。钢筋需要经过穿筋孔进行钢筋安装时，对人工存在降效。

二十二、轻钢屋架，是指每榀重量＜1t 的钢屋架。

二十三、钢屋架、托架、天窗架制作平台摊销子目，是与钢屋架、托架、天窗架制作子目配套使用的子目，其工程量与钢屋架、托架、天窗架的制作工程量相同。其他金属构件制作不计平台摊销费用。

二十四、钢梁制作、安装执行钢吊车梁制作、安装子目。

二十五、金属构件安装，定额按单机作业编制。

二十六、本章铁栏杆制作，仅适用于工业厂房中平台、操作台的钢栏杆。工业厂房中的楼梯、阳台、走廊的装饰性铁栏杆，民用建筑中的各种装饰性铁栏杆，均按其他章相应规定计算。

二十七、本定额的钢网架制作，按平面网架结构考虑，如设计成筒壳、球壳及其他曲面状，构件制作定额的人工、机械乘以系数 1.3，构件安装定额的人工、机械乘以系数 1.2。

二十八、本定额中的屋架、托架、钢柱等均按直线考虑，如设计为曲线、折线型构件，构件制作定额的人工、机械乘以系数 1.3，构件安装定额的人工、机械乘以系数 1.2。

二十九、本章单项定额内，均不包括脚手架及安全网的搭拆内容，脚手架及安全网均按相关章节有关规定计算。

三十、本节金属构件安装子目内，已包括金属构件本体的垂直运输机械。金属构件本体以外工程的垂直运输以及建筑物超高等内容，发生时按照相关章节有关规定计算。

三十一、钢柱安装在钢筋混凝土柱上，其人工、机械乘以系数 1.43。

## 第二节　工程量计算规则

一、金属结构制作、安装工程量，按图示钢材尺寸以质量计算，不扣除孔眼、切边的质量。焊条、铆钉、螺栓等质量已包括在定额内，不另计算。计算不规则或多边形钢板质量时，均以其最大对角线乘最大宽度的矩形面积计算，如图 6-3 所示。

不扣除孔眼、切边的质量，是指按最大对角线乘最大宽度的矩形面积计算工程量后，制作构件时的切边、钻孔的质量不扣除。

钢板面积＝最大对角线×最大宽度

钢板质量＝钢板面积×板厚×单位质量

预埋铁件包括钢筋加工在内。

二、实腹柱、吊车梁、H 型钢等均按图示尺寸计算，其腹板及翼板宽度按每边增加 25mm 计算。

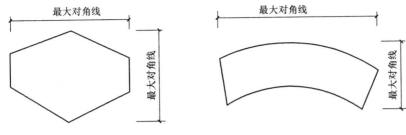

图 6-3 钢板面积计算示意图

三、钢柱制作、安装工程量，包括依附于柱上的牛腿、悬臂梁及柱脚连接板的质量。

四、钢管柱制作、安装执行空腹钢柱子目，柱体上的节点板、加强环、内衬管、牛腿等依附构件并入钢管柱工程量内。

五、计算钢屋架、钢托架、天窗架工程量时，依附其上的悬臂梁、檩托、横档、支爪、檩条爪等分别并入相应构件内计算。

六、制动梁的制作安装工程量包括制动梁、制动桁架、制动板质量。

七、钢墙架的制作工程量包括墙架柱、墙架梁及连接柱杆质量。

八、钢筋混凝土组合屋架钢拉杆，按屋架钢支撑计算。

九、钢漏斗的制作工程量，矩形按图示分片，圆形按图示展开尺寸，并以钢板宽度分段计算，每段均以其上口长度（圆形以分段展开上口长度）与钢板宽度，按矩形计算，依附漏斗的型钢并入漏斗重量内计算。

十、高强螺栓、花篮螺栓、剪力栓钉按设计图示以套数计算。

栓钉是起组合连接作用的连接件，采用拉弧型栓钉焊机和焊枪，并使用去氧弧耐热陶瓷座圈。在型钢结构中焊接栓钉，可以极大地加强型钢柱与混凝土的连接强度，提高劲性柱的整体受力性能。

十一、X 射线焊缝无损探伤，按不同板厚，以"张"（胶片）为单位。拍片张数按设计规定计算的探伤焊缝总长度除以定额取定的胶片有效长度（250mm）计算。

十二、金属板材对接焊缝超声波探伤，以焊缝长度为计量单位。

十三、除锈工程的工程量，依据定额单位，分别按除锈构件的质量或表面积计算。

十四、楼面及平板屋面按设计图示尺寸以铺设水平投影面积计算；屋面为斜坡的，按斜坡面积计算。不扣除≤0.3m² 柱、垛及孔洞所占面积。

组合楼板中采用的压型钢板的形式有开口型压型钢板、闭口型压型钢板和锁口型压型钢板，如图 6-4～图 6-6 所示。

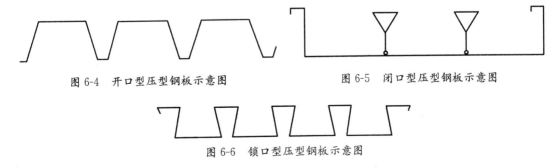

图 6-4 开口型压型钢板示意图　　　　图 6-5 闭口型压型钢板示意图

图 6-6 锁口型压型钢板示意图

# 第七章 木结构工程

## 第一节 定额说明及解释

一、本章定额包括木屋架、木构件、屋面木基层三节。

适用于山东省行政区域内一般工业与民用建筑中单纯由木材或主要由木材承受荷载，且通过各种金属连接件或榫卯手段进行连接和固定的结构。

二、木材木种均以一、二类木种取定，若采用三、四类木种时，相应项目人工和机械乘以系数 1.35。

采用三、四类木种乘系数，主要考虑三、四类木种硬度等因素。

三、木材木种分类如下：

一类：红松、水桐木、樟子松；

二类：白松（方杉、冷杉）、杉木、杨木、柳木、椴木；

三类：青松、黄花松、秋子木、马尾松、东北榆木、柏木、苦木、梓木、黄菠萝、椿木、楠木、柚木、樟木；

四类：栎木（柞木）、檀木、色木、槐木、荔木、麻栗木、桦木、荷木、水曲柳、华北榆木。

四、本章材料中的"锯成材"是指方木、一等硬木方、一等木方、一等方托木、装修材、木板材和板方材等的统称。

五、定额中木材以自然干燥条件下的含水率编制，需人工干燥时，另行计算。

定额不包括木材的人工干燥费用，需要人工干燥时，其费用另计。干燥费用包括干燥时发生的人工费、燃料费、设备费及干燥损耗，其费用可列入木材价格内。

六、钢木屋架是指下弦杆件为钢材，其他受压杆件为木材的屋架。

七、屋架跨度是指屋架两端上、下弦中心线交点之间的距离。

八、屋面木基层是指屋架上弦以上至屋面瓦以下的部分结构，如图 7-1 所示。

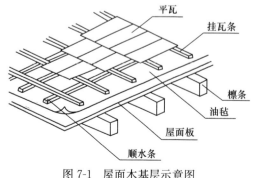

图 7-1 屋面木基层示意图

九、木屋架、钢木屋架定额项目中的钢板、型钢、圆钢，设计与定额不同时，用量可按设计数量另加 6％损耗调整，其他不变。

十、钢木屋架中钢杆件的用量已包括在相应定额子目内，设计与定额不同时，可按设计数量另加 6％损耗调整，其他不变。

十一、木屋面板，定额按板厚 15mm 编制。设计与定额不同时，锯成材（木板材）

用量可以调整，其他不变（木板材的损耗率平口为 4.4%，错口为 13%）。

十二、封檐板、博风板，定额按板厚 25mm 编制，设计与定额不同时，锯成材（木板材）可按设计用量另加 23% 损耗调整，其余不变。

## 第二节　工程量计算规则

一、木屋架、檩条工程量按设计图示尺寸以体积计算，附属于其上的木夹板、垫木、风撑、挑檐木、檩条、三角条均按木料体积并入屋架、檩条工程量内。单独挑檐木并入檩条工程量内。檩托木、檩垫木已包括在定额项目内，不另计算。如图 7-2 所示。

二、钢木屋架的工程量按设计图示尺寸以体积计算，只计算木杆件的体积。后备长度、配置损耗以及附属于屋架的垫木等已并入屋架子目内，不另计算。

三、支撑屋架的混凝土垫块，按本定额"第五章　钢筋及混凝土工程"中的有关规定计算。

四、木柱、木梁按设计图示尺寸以体积计算。

五、檩木按设计图示尺寸以体积计算。檩垫木或钉在屋架上的檩托木已包括在定额内，不另计算。简支檩长度按设计规定计算，如设计未规定者，按屋架或山墙中距增加 200mm 计算，如两端出山，檩条长度算至博风板；连续檩接头部分按全部连续檩的总体积增加 5% 计算。

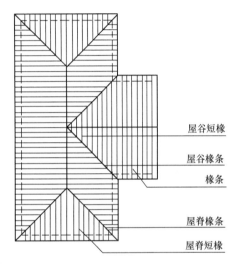

图 7-2　屋盖檩条布置平面示意图

屋谷短椽
屋谷椽条
椽条
屋脊椽条
屋脊短椽

连续檩由于檩木过长，通常檩木在中间对接，增加了对接接头长度，此部分搭接体积按全部连续檩总体积的 5% 计算，并入檩木工程量内。

六、木楼梯按水平投影面积计算，不扣除宽度≤300mm 的楼梯井面积，踢脚板、平台和伸入墙内部分不另计算。

七、屋面板制作、檩木上钉屋面板、油毡挂瓦条、钉椽板项目按设计图示屋面的斜面积计算。天窗挑出部分面积并入屋面工程量内计算，天窗挑檐重叠部分按设计规定计算，不扣除截面积≤0.3m² 的屋面烟囱、风帽底座、风道及斜沟等部分所占面积。

其中，屋面板及板上铺设均按坡屋面的斜面积计算（斜面积的计算参照第九章　屋面及防水工程有关规定执行）；屋面板厚度定额中按 15mm 编制，如设计板厚不同时板材量可以调整，损耗率平口为 4.4%，错口为 13%。

八、封檐板按设计图示檐口外围长度计算。博风板按斜长度计算，每个大刀头增加长度 500mm。如图 7-3 所示。

其中，封檐板、博风板，定额按 25mm 厚考虑，刨光损耗系数为 1.186，拼接长度系数为 1.012，损耗率为 2.5%，若设计与定额不同时，板材量可以换算，其他不变。

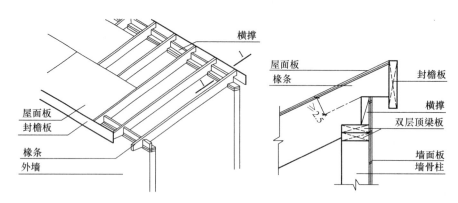

图 7-3　单坡屋盖结构布置示意图

　　九、带气楼屋架的气楼部分及马尾、折角和正交部分半屋架，并入相连接屋架的体积内计算。

　　一般坡屋面为前后两面坡水，另一种屋面为四坡水形式，两端坡水称为马尾，它由两个半屋架组成折角。此屋架体积与正屋架体积合并计算。

　　十、屋面上人孔按设计图示数量以"个"为单位按数量计算。

　　屋面板制作项目，不包括安装工材，它只作为檩木上钉屋面板、铺油毡挂瓦条等项目中的屋面板的计算使用。

# 第八章　门　窗　工　程

## 第一节　定额说明及解释

一、本章定额包括木门，金属门，金属卷帘门，厂库房大门、特种门，其他门，木窗和金属窗七节。

（1）木门窗框制作安装用工包括门窗框制作、安装，刷防腐油，现场水平运输等全部工作内容。

（2）成品门窗安装用工包括现场水平运输，门窗安装，附件、五金配件安装、防护措施和清理等全部工作内容。

塑钢门窗安装难度比铝合金门窗稍大，人工消耗量在铝合金门窗基础上增加 10%。

按门窗材质和门窗分离的原则，分别列项。

二、本章主要为成品门窗安装项目。

近年来，门窗工程专业化、市场化水平不断提高，成品门窗产业日趋成熟，现场加工制作的项目极少。因此，本章在项目设置时，绝大部分项目未考虑门窗制作，只考虑安装。

三、木门窗及金属门窗不论现场或附属加工制作，均执行本章定额。现场以外至施工现场的水平运输费用可计入门窗单价。

木门窗及金属门窗项目已综合考虑了场内运输，现场以外至施工现场的运输费用应计入成品门窗预算单价。

四、门窗安装项目中，玻璃及合页、插销等一般五金零件均按包含在成品门窗单价内考虑。

定额子目中的上述消耗材料考虑在成品门窗单价中，定额子目中未单列消耗材料。

木门五金应包括：折页、插销、门碰珠、弓背拉手、搭机、木螺钉、弹簧折页（自动门）、管子拉手（自由门、地弹门）、地弹簧（地弹门）、角铁、门轧头（地弹门、自由门）等。

铝合金门五金包括：地弹簧、门锁、拉手、门插、门铰、螺钉等。

金属门五金包括 L 形执手插锁（双舌）、执手锁（单舌）、门轧头、地锁、防盗门机、门眼（猫眼）、门碰珠、电子锁（磁卡锁）、闭门器、装饰拉手等。

木窗五金包括：折页、插销、风钩、木螺钉、滑轮滑轨（推拉窗）等。

金属窗五金包括：折页、螺钉、执手、卡锁、铰拉、风撑、滑轮、滑轨、拉把、拉手、角码、牛角制等。

五、单独木门框制作安装中的门框断面按 55mm×100mm 考虑。实际断面不同时，门窗材的消耗量按设计图示用量另加 18% 损耗调整。

定额中的锯成材用量包括门窗材和木砖用量，其中门窗材用量为 $0.0649m^3$，木砖为 $0.0106m^3$。若门框断面设计与定额不同时可按设计用量另加 18% 损耗调整。

六、木窗中的木橱窗是指造型简单、形状规则的普通橱窗。

对于造型较复杂，外形不规则的装饰木橱窗，应套用"第十五章　其他装饰工程"有关定额子目。

七、厂库房大门及特种门门扇所用铁件均已列入定额，除成品门附件以外，墙、柱、楼地面等部位的预埋铁件按设计要求另行计算。

八、钢木大门为两面板者，定额人工和机械消耗量乘以系数 1.11。

九、电子感应自动门传感装置、电子对讲门和电动伸缩门的安装包括调试用工。

定额中已综合考虑了上述门的安装及调试用工。

## 第二节　工程量计算规则

一、各类门窗安装工程量，除注明者外，均按图示门窗洞口面积计算。

二、门连窗的门和窗安装工程量，应分别计算，窗的工程量算至门框外边线。

由于门和窗安装的定额消耗量有所差异，分别计算工程量更接近实际。

三、木门框按设计框外围尺寸以长度计算。

单独木门框按设计框外围尺寸以延长米按长度计算，计算的消耗量更加准确。

四、金属卷帘门安装工程量按洞口高度增加 600mm 乘以门实际宽度以面积计算；若有活动小门，应扣除卷帘门中小门所占面积。电动装置安装以"套"为单位按数量计算，小门安装以"个"为单位按数量计算。

卷帘门的安装面积一般比洞口面积大，因此工程量＝（洞口高＋600）×卷帘门宽，卷帘门宽按设计宽度计入。由于活动小门可另套定额，因此，若有活动小门时，应扣除卷帘小门的面积。

五、普通成品门、木质防火门、纱门扇、成品窗扇、纱窗扇、百叶窗（木）、铝合金纱窗扇和塑钢纱窗扇等安装工程量均按扇外围面积计算。

为便于计量，钢质防火门、钢质防盗门、钢木折叠门、射线防护门等项目的计量单位调整为 $10m^2$ 洞口面积。

六、木橱窗安装工程量按框外围面积计算。

七、电子感应自动门传感装置、全玻转门、电子对讲门、电动伸缩门均以"套"为单位按数量计算。

# 第九章 屋面及防水工程

## 第一节 定额说明及解释

一、本章定额包括屋面工程、防水工程、屋面排水、变形缝与止水带四节。

二、屋面工程。

1. 本节考虑块瓦屋面、波形瓦屋面、沥青瓦屋面、金属板屋面、采光板屋面和膜结构屋面六种屋面面层形式。屋架、基层、檩条等项目按其材质分别按相应项目计算，找平层按本定额"第十一章 楼地面装饰工程"的相应项目执行，屋面保温按本定额"第十章 保温、隔热、防腐工程"的相应项目执行，屋面防水层按本章第二节相应项目计算。

① 黏土瓦规格为387mm×218mm，长向搭接80mm，宽向搭接33mm；脊瓦规格为455mm×195mm，搭接长55mm，每10m² 取定含脊长1.1m。

定额中瓦材计算如下：瓦材用量＝10/(有效瓦长×有效瓦宽)×(1＋损耗率)。

② 小波石棉瓦规格为1820mm×720mm，脊瓦规格为850mm×360mm，长向搭接200mm，宽向1.5波，脊瓦搭接长70mm，每10m² 取定含脊长1.1m。

③ 大波石棉瓦规格为2800mm×994mm，脊瓦规格为850mm×460mm，长向搭接200mm，宽向1.5波，脊瓦搭接长70mm，每10m² 取定含脊长1.1m。

④ 西班牙瓦规格为310mm×310mm，脊瓦规格为285mm×180mm。

⑤ 英红主瓦规格为420mm×332mm，脊瓦长420mm，搭接75mm。

屋面瓦结合层的厚度，是根据《山东省建筑工程消耗量定额》(2003版)瓦底砂浆厚度及实际情况编制的，部分定额子目砂浆厚度见表9-1。

屋面瓦结合层的厚度                                                表9-1

| 定额名称 | 砂浆厚度(mm) | 定额名称 | 砂浆厚度(mm) |
|---|---|---|---|
| 9-1-3 普通黏土瓦混凝土板上浆贴 | 20 | 9-1-10 英红瓦屋面 | 20 |
| 9-1-5 水泥瓦混凝土板上浆贴 | 20 | 9-1-12 琉璃瓦亭面上铺设 | 20 |
| 9-1-6 西班牙瓦屋面 | 25 | 9-1-13 琉璃瓦斜面上铺设 | 20 |
| 9-1-8 瓷质波形瓦屋面 | 20 | | |

注：瓦底结合层的厚度与定额中砂浆厚度不一致时，可以据实调整砂浆厚度，按"第十一章 楼地面装饰工程"的相应项目执行。

2. 设计瓦屋面材料规格与定额规格（定额未注明具体规格的除外）不同时，可以换算，其他不变。波形瓦屋面采用纤维水泥、沥青、树脂、塑料等不同材质波形瓦时，材料可以换算，人工、机械不变。

屋面中瓦材的规格已列于相应的定额项目中或参考前面有关数据的取定，如果设计使用的规格与定额不同时，可按如下方法调整：

调整用量＝[设计实铺面积/（单页有效瓦长×单页有效瓦宽）]×（1＋损耗率）

单页有效瓦长、单页有效瓦宽＝瓦的规格－规范规定的搭接尺寸

黏土瓦屋面板或椽子挂瓦条上铺设项目，工作内容包括铺瓦、安脊瓦，瓦以下的木基层要套用相应项目。黏土瓦若穿铁丝钉、元钉或用挂瓦条，增加相应人工、材料。

3. 瓦屋面琉璃瓦面如实际使用盾瓦者，每 10m 的脊瓦长度，单侧增计盾瓦 50 块，其他不变。如增加勾头、博古等另行计算。

4. 一般金属板屋面，执行彩钢板和彩钢夹心板子目，成品彩钢板和彩钢夹心板包含铆钉、螺栓、封檐板、封口（边）条等用量，不另计算。装配式单层金属压型板屋面区分檩距不同执行定额子目，金属屋面板材质和规格不同时，可以换算，人工、机械不变。

波形瓦屋面、金属板屋面，工作内容包括檩条上铺瓦、安脊瓦，但檩条的制作、安装不包括在定额内，制作及安装另套用相应项目。

5. 采光板屋面和玻璃采光顶，其支撑龙骨含量不同时，可以调整，其他不变。采光板屋面如设计为滑动式采光顶，可以按设计增加 U 形滑动盖帽等部件调整材料消耗量，人工乘以系数 1.05。

6. 膜结构屋面的钢支柱、锚固支座混凝土基础等执行其他章节相应项目。

7. 屋面以坡度≤25％为准，坡度＞25％及人字形、锯齿形、弧形等不规则屋面，人工乘以系数 1.3；坡度＞45％的，人工乘以系数 1.43。

此系数来源于《建设工程劳动定额》LD/T 72.1-11—2008 的说明。

三、防水工程。

SBS 卷材材料规格取定为 21.86m×0.915m，长向搭接 160mm，短向搭接 110mm，玻璃纤维布规格为 22.22m×0.9m。

卷材定额用量＝{[（10m²×层数）/（卷材有效长×卷材有效宽）]×每卷卷材面积}×（1＋损耗率）

卷材损耗率为 1％。

定额含量为一层时：

$$卷材定额含量＝\{10/[（0.915-0.11）×（21.86-0.16）]\}×21.86×0.915×（1+1\%）$$
$$＝（10/17.47）×21.86×0.915×1.01$$
$$＝11.449×1.01$$
$$＝11.5635（m^2）$$

玛琋脂涂刷厚度，平面：底层 1.9mm，中层 1.5mm，面层 1.4mm；立面：底层 2.0mm，中层 1.6mm，面层 1.5mm。

1. 本节考虑卷材防水、涂料防水、板材防水、刚性防水四种防水形式。项目设置不分室内、室外及防水部位，使用时按设计做法套用相应项目。

防水项目不区分防水部位，按设计做法套用相应定额。

2. 细石混凝土防水层使用钢筋网时，钢筋网执行其他章节相应项目。

按本定额"第五章　钢筋及混凝土工程"的相应项目执行。

3. 平（屋）面按坡度≤15％考虑，15％＜坡度≤25％的屋面，按相应项目的人工乘以系数 1.18；坡度＞25％及人字形、锯齿形、弧形等不规则屋面或平面，人工乘以系数

1.3；坡度＞45%的，人工乘以系数1.43。

此系数来源于《建设工程劳动定额》LD/T 72.1-11—2008的说明。

4. 防水卷材，防水涂料及防水砂浆，定额以平面和立面列项，实际施工柱头、地沟、零星部位时，人工乘以系数1.82；单个房间楼地面面积≤8m²时，人工乘以系数1.3。

挡土墙外侧筏板、防水底板、条形基础侧面及上表面并入基础防水计算，筏板以上挡土墙防水按照墙面防水计算。

5. 卷材防水附加层套用卷材防水相应项目，人工乘以系数1.82。

6. 立面是以直形为准编制的，弧形者人工乘以系数1.18。

7. 冷粘法按满铺考虑。点、条铺者按其相应项目的人工乘以系数0.91，粘合剂乘以系数0.7。

8. 分格缝主要包括细石混凝土面层分格缝、水泥砂浆面层分格缝两种，缝截面按照15mm乘以面层厚度考虑，当设计材料与定额材料不同时，材料可以换算，其他不变。

应为分格缝，防止热胀冷缩而设置的。

四、屋面排水。

1. 本节包括屋面镀锌铁皮排水、铸铁管排水、塑料排水管排水、玻璃钢管、镀锌钢管、虹吸排水及种植屋面排水内容。水落管、水口、水斗均按成品材料现场安装考虑，选用时可以依据排水管材料材质不同套用相应项目换算材料，人工、机械不变。

虹吸式雨水排放系统一般由给排水工程师和供应商配合设计，然后向建筑师提出配合设计资料，由建筑师在屋面平面图上设计屋面排水方式和雨水斗的位置，如图9-1所示。

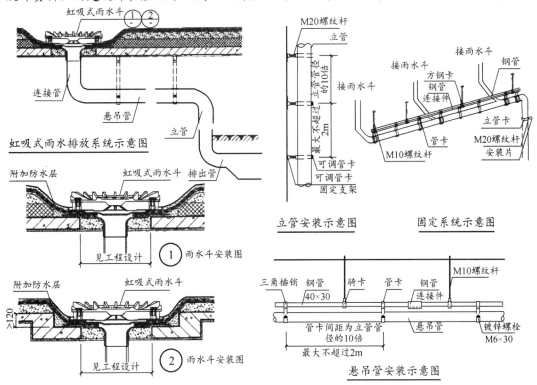

图9-1　虹吸式雨水排放系统安装示意图

2. 铁皮屋面及铁皮排水项目内已包括铁皮咬口和搭接的工料。

3. 塑料排水管排水按 PVC 材质水落管、水斗、水口和弯头考虑，实际采用 UPVC、PP（聚丙烯）管、ABS（丙烯腈-丁二烯苯乙烯共聚物）管、PB（聚丁烯）等塑料管材或塑料复合管材时，材料可以换算，人工、机械不变。

4. 若采用不锈钢水落管排水时，执行镀锌钢管子目，材料据实换算，人工乘以系数 1.1。

5. 种植屋面排水子目仅考虑了屋面滤水层和排（蓄）水层，其找平层、保温层等执行其他章节相应项目，防水层按本章第二节相应项目计算。

五、变形缝与止水带。

缝口断面尺寸取定如下。

油浸麻丝：30mm×150mm；沥青玛琋脂：30mm×150mm；

建筑油膏：30mm×20mm；聚氯乙烯胶泥：30mm×20mm；

沥青砂浆：30mm×150mm；石灰麻刀：30mm×150mm；

油浸木丝板：25mm×150mm；木板盖板：25mm×200mm；

氯丁橡胶止水带：宽300mm；氯丁胶贴贴玻璃布止水带：宽350mm；

紫铜板止水带：厚2mm，展开宽400mm；钢板止水带：厚3mm，展开宽400mm。

1. 变形缝嵌填缝子目中，建筑油膏、聚氯乙烯胶泥设计断面取定 30mm×20mm，油浸木丝板为 150mm×25mm；其他填料取定为 150mm×30mm。若实际设计断面不同时用料可以换算，人工不变。

变形缝包括建筑物的伸缩缝、沉降缝及抗震缝，适用于屋面、墙面、地基等部位。缝口断面尺寸已列于定额说明中，若设计断面尺寸与定额取定不同时，主材用量可以调整，人工及辅材不变。

调整量可按公式计算：调整用量＝（设计缝口断面积/定额缝口断面积）×定额用量。

2. 沥青砂浆填缝设计砂浆不同时，材料可以换算，其他不变。

3. 变形缝盖缝，木板盖板断面取定为 200mm×25mm；铝合金盖板厚度取定为 1mm；不锈钢板厚度取定为 1mm。如设计不同时，材料可以换算，人工不变。

4. 钢板（紫铜板）止水带展开宽度 400mm，氯丁橡胶宽 300mm，涂刷式氯丁胶贴玻璃纤维止水片宽 350mm，其他均为 150mm×30mm。如设计断面不同时用料可以换算，人工不变。

# 第二节　工程量计算规则

一、屋面。

1. 各种屋面和型材屋面（包括挑檐部分），均按设计图示尺寸以面积计算（斜屋面按斜面面积计算），不扣除房上烟囱、风帽底座、风道、小气窗、斜沟和脊瓦等所占面积，小气窗的出檐部分也不增加。

2. 西班牙瓦、瓷质波形瓦、英红瓦屋面的正斜脊瓦、檐口线，按设计图示尺寸以长度计算。

3. 琉璃瓦屋面的正斜脊瓦、檐口线，按设计图示尺寸，以长度计算。设计要求安装勾头（卷尾）或博古（宝顶）等时，另按"个"计算。

4. 采光板屋面和玻璃采光顶屋面按设计图示尺寸以面积计算，不扣除面积≤0.3m² 孔洞所占面积。

5. 膜结构屋面按设计图示尺寸以需要覆盖的水平投影面积计算。

定额中膜材料可以调整含量。

二、防水。

1. 屋面防水，按设计图示尺寸以面积计算（斜屋面按斜面面积计算），不扣除房上烟囱、风帽底座、风道、屋面小气窗等所占面积，上翻部分也不另计算。屋面的女儿墙、伸缩缝和天窗等处的弯起部分，按设计图示尺寸计算；设计无规定时，伸缩缝、女儿墙、天窗的弯起部分按500mm计算，计入立面工程量内。

斜屋面按斜面面积计算。可以按照图示尺寸的水平投影面积乘以屋面坡度系数，以平方米计算，如图9-2所示。屋面坡度系数见表9-2。

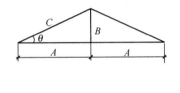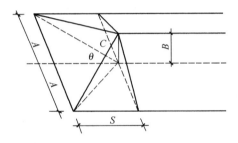

图 9-2　屋面坡度系数示意图

注：① $A=A$ 且 $S=0$ 时，为等两坡屋面；$A=S$ 时，为等四坡屋面；

② 屋面斜铺面积＝屋面水平投影面积×$C$；

③ 等两坡屋面山墙泛水斜长＝$A×C$；

④ 等四坡屋面斜脊长度＝$A×D$。

屋面坡度系数　　　　　　　　　　　表 9-2

| 坡度 | | 角度 | 延尺系数 | 隔延尺系数 | 坡度 | | 角度 | 延尺系数 | 隔延尺系数 |
|---|---|---|---|---|---|---|---|---|---|
| $B(A=1)$ | $B/2A$ | $\theta$ | $C(A=1)$ | $D(A=1)$ | $B(A=1)$ | $B/2A$ | $\theta$ | $C(A=1)$ | $D(A=1)$ |
| 1 | 1/2 | 45° | 1.1442 | 1.7320 | 0.4 | 1/5 | 21°48′ | 1.077 | 1.4697 |
| 0.75 | | 36°52′ | 1.2500 | 1.6008 | 0.35 | | 19°47′ | 1.0595 | 1.4569 |
| 0.7 | | 35° | 1.2207 | 1.5780 | 0.3 | | 16°42′ | 1.0440 | 1.4457 |
| 0.666 | 1/3 | 33°40′ | 1.2015 | 1.5632 | 0.25 | 1/8 | 14°02′ | 1.0380 | 1.4362 |
| 0.65 | | 30°01′ | 1.1927 | 1.5564 | 0.2 | 1/10 | 11°19′ | 1.0198 | 1.4283 |
| 0.6 | | 30°58′ | 1.662 | 1.5362 | 0.15 | | 8°32′ | 1.0112 | 1.4222 |
| 0.577 | | 30° | 1.1545 | 1.5274 | 0.125 | 1/16 | 7°08′ | 1.0078 | 1.4197 |
| 0.55 | | 28°49′ | 1.143 | 1.5174 | 0.1 | 1/20 | 5°42′ | 1.0050 | 1.4178 |
| 0.5 | 1/4 | 26°34′ | 1.1180 | 1.5000 | 0.083 | 1/24 | 4°45′ | 1.0034 | 1.4166 |
| 0.45 | | 24°14′ | 1.0966 | 1.4841 | 0.066 | 1/30 | 3°49′ | 1.0022 | 1.4158 |

2. 楼地面防水、防潮层按设计图示尺寸以主墙间净面积计算，扣除凸出地面的构筑物、设备基础等所占面积，不扣除间壁墙及单个面积≤0.3m² 柱、垛、烟囱和孔洞所占面积，平面与立面交接处，上翻高度≤300mm 时，按展开面积并入平面工程量内计算；上翻高度＞300mm 时，按立面防水层计算。

3. 墙基防水、防潮层，外墙按外墙中心线长度、内墙按墙体净长度乘以宽度，以面积计算。

4. 墙的立面防水、防潮层，不论内墙、外墙，均按设计图示尺寸以面积计算。

挡土墙外侧筏板、防水底板、条形基础侧面及上表面并入基础防水计算，筏板以上挡土墙防水按照墙面防水计算。

5. 基础底板的防水、防潮层按设计图示尺寸以面积计算，不扣除桩头所占面积。桩头处外包防水按桩头投影外扩 300mm 以面积计算，地沟处防水按展开面积计算，均计入平面工程量，执行相应规定。

6. 屋面、楼地面及墙面、基础底板等，其防水搭接、拼缝、压边、留槎用量已综合考虑，不另行计算；卷材防水附加层按实际铺贴尺寸以面积计算，如图 9-3～图 9-5 所示。

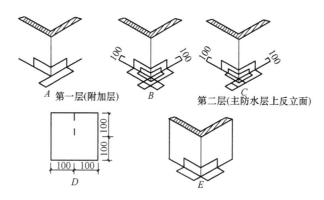

图 9-3　阳角附加层做法示意图

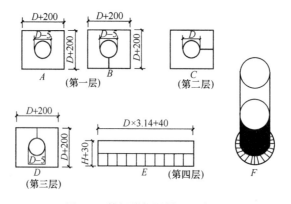

图 9-4　管根附加层做法示意图

屋面防水附加层是为了防止雨水透过防水层而增加的防水材料。如屋面变形缝处防水搭接处。

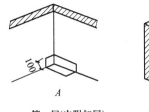
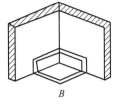
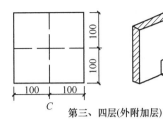
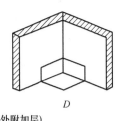

第一层(内附加层)　　第二层(主防水层上返立面)　　第三、四层(外附加层)

图 9-5　阴角附加层做法示意图

在计算集水坑、下柱墩和下卧独立基础等需要在阴阳角增加附加层时，增加部分按照阴阳角附加部分另行计算，只需采用勾股定理即可。

7. 屋面分格缝，按设计图示尺寸以长度计算。

【例】某建筑物，如图 9-6 所示，轴线尺寸 50m×16m，四周女儿墙墙厚 200，女儿墙内立面保温层厚度 60。屋面做法：水泥珍珠岩找坡层，最薄 60 厚，屋面坡度 $i=1.5\%$，20 厚 1：2.5 水泥砂浆找平层，100 厚挤塑保温板，50 厚细石混凝土保护层随打随抹平，刷基底处理剂一道，改性沥青卷材热熔法粘贴一层。

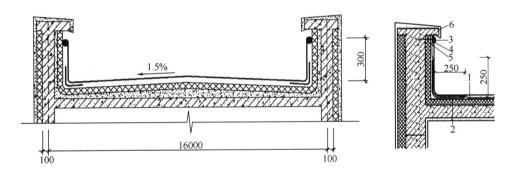

图 9-6　女儿墙防水处理详图
1—防水层；2—附加层；3—密封材料；4—金属压条；5—水泥钉；6—压顶

解：由于屋面坡度小于屋面坡度系数表中的最小坡度 0.066，因此按平面防水计算。

平面防水面积＝(50−0.1×2−0.06×2)×(16−0.1×2−0.06×2)＝778.982(m²)

上翻高度≤300mm 时，按展开面积并入平面工程量内计算。

上卷面积＝[(50−0.1×2−0.06×2)＋(16−0.1×2−0.06×2)]×2×0.3＝39.216(m²)

附加层不包含在定额内容中，单独计算。

附加层面积＝[(50−0.1×2−0.06×2)＋(16−0.1×2−0.06×2)]×2×0.25×2＝65.360(m²)

由于基层处理剂已包含在定额内容中，不另计算。

平面防水工程量＝778.982＋39.216＝818.198(m²)，

套用定额 9-2-10 改性沥青卷材热熔法一层平面子目，附加层防水工程量＝65.36m²，人工乘以系数 1.82。

三、屋面排水。

1. 水落管、镀锌铁皮天沟、檐沟，按设计图示尺寸以长度计算。

2. 水斗、下水口、雨水口、弯头、短管等，均按数量以"套"计算。

3. 种植屋面排水按设计尺寸以实际铺设排水层面积计算，不扣除房上烟囱、风帽底座、风道、屋面小气窗及面积≤0.3m² 孔洞所占面积。

四、变形缝与止水带按设计图示尺寸以长度计算。

# 第十章　保温、隔热、防腐工程

## 第一节　定额说明及解释

一、本章定额包括保温、隔热及防腐两节。

本章相应子目中的砂浆按现场拌制考虑，若实际采用预拌砂浆时，按总说明规定调整。

二、保温、隔热工程。

1. 本节定额适用于中温、低温、恒温的工业厂（库）房保温工程，以及一般保温工程。

工业厂（库）房保温，主要指冷库、恒温车间、试验室等建筑物的屋面、墙面、楼地面的保温；一般保温，主要指一般工业和民用建筑的屋面、墙面、楼地面、天棚、柱、梁、池、槽等的保温，其中主要是屋面和外墙保温。

2. 保温层的保温材料配合比、材质、厚度设计与定额不同时，可以换算，消耗量及其他均不变。

定额中松散保温材料子目，如矿渣棉等，设计使用的种类和规格，与定额不同时，可按设计规格等体积换算，消耗量及其他均不变。定额中块状保温材料子目，如憎水珍珠岩块、泡沫混凝土块等，设计使用的种类和规格，与定额不同时，可按设计规格等体积换算，消耗量及其他均不变。定额中现场调制保温材料子目，如现浇珍珠岩、现浇陶粒混凝土等（主要指散状、有配合比的保温材料），设计与定额不同时，可按定额附录中的配合比表换算相应的材料，消耗量及其他均不变。定额中板材保温材料子目，如聚苯乙烯泡沫板等，按常用板材厚度编制。设计板材厚度与定额不同时，可以换算，实际上是板材单价的换算，换算时，板材消耗量及其他均不变。

3. 混凝土板上保温和架空隔热，适用于楼板、屋面板、地面的保温和架空隔热。

注意当采用保温层排气管时，可借用《山东省绿色建筑工程消耗量定额》中保温层排气管安装子目，如图10-1所示。

4. 天棚保温，适用于楼板下和屋面板下的保温。

5. 立面保温，适用于墙面和柱面的保温。独立柱保温层铺贴，按墙面保温定额项目人工乘以系数1.19、材料乘以系数1.04。

墙面、柱面保温可套用立面保温项目，这里的柱面指的是与墙相连的柱。

本章定额子目按保温层所处部位分为：混凝土板上保温、混凝土板上架空隔热、天棚保温、立面保温等四部分。

本章保温层按保温部位的不同列项，使用定额时，应按保温层所处的部位及相应设计做法，套用相应定额。

定额混凝土板上、立面聚氨酯发泡保温子目，均包括界面砂浆和防潮底漆，保温层厚

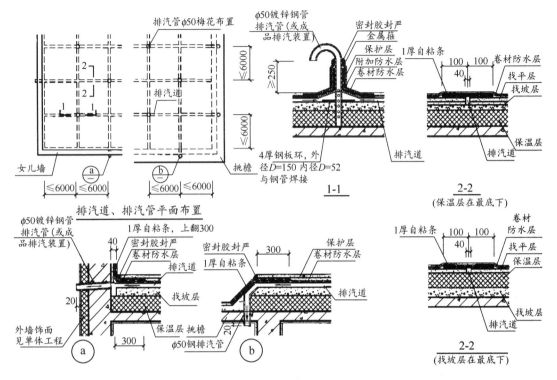

图 10-1 排汽道、排汽管平面布置示意图

度按 30mm 厚编制。设计保温层厚度与定额不同时，按厚度每增减 10mm 子目调整。

本章定额立面胶粉聚苯颗粒粘贴保温板子目，包括界面砂浆和胶粉聚苯颗粒粘结层，粘结层厚度按 15mm 厚编制。设计粘结层厚度与定额不同时，按厚度每增减 5mm 子目调整。定额立面胶粉聚苯颗粒保温子目，适用于《06 系列山东省建筑标准设计图集居住建筑保温构造详图（节能 65％）》L06J113 中 F 体系胶粉聚苯颗粒作主保温层的情况。使用定额时，应注意与保护层中的胶粉聚苯颗粒保温找平层的区别。

6. 弧形墙墙面保温隔热层，按相应项目的人工乘以系数 1.1。

7. 池槽保温，池壁套用立面保温，池底按地面套用混凝土板上保温项目。

8. 本节定额不包括衬墙等内容，发生时按相应章节套用。

9. 松散材料的包装材料及包装用工已包括在定额中。

松散材料，如矿渣棉、玻璃棉等，其包装所用的塑料薄膜及包装用工已包括在定额中。

10. 保温外墙面在保温层外镶贴面砖时需要铺钉的热镀锌电焊网，发生时按本定额"第五章 钢筋及混凝土工程"相应项目执行。

套用定额子目 5-4-70。

三、防腐工程。

耐酸防腐整体面层、块料面层中相应做法的垫层、找平层，执行本定额其他章节相应项目。定额清洗钢筋混凝土天棚子目，可借用于除混凝土天棚以外的、其他所有混凝土表面的清洗。

1. 整体面层定额项目，适用于平面、立面、沟槽的防腐工程。

2. 块料面层定额项目按平面铺砌编制。铺砌立面时，相应定额人工乘以系数 1.30，块料乘以系数 1.02，其他不变。

3. 整体面层踢脚板按整体面层相应项目执行，块料面层踢脚板按立面砌块相应项目人工乘以系数 1.2。

4. 花岗岩面层以六面剁斧的块料为准，结合层厚度为 15mm。如板底为毛面时，其结合层胶结料用量可按设计厚度进行调整。

5. 各种砂浆、混凝土、胶泥的种类、配合比、各种整体面层的厚度及各种块料面层规格，设计与定额不同时可以换算。各种块料面层的结合层砂浆、胶泥用量不变。

各种砂浆、混凝土、胶泥的种类、配合比，设计与定额不同时，可按附录中的配合比表换算，但消耗量不变。

整体面层的厚度，设计与定额不同时，可按设计厚度换算用量。其换算公式如下：

$$换算用量＝铺筑厚度×10m^2×(1＋损耗率)$$

损耗率如下：耐酸沥青砂浆 2.5%，耐酸沥青胶泥 5%，耐酸沥青混凝土 1%，环氧砂浆 2.5%，环氧稀胶泥 5%，钢屑砂浆 2.5%。

块料面层中的结合层，按规范取定，不另调整。块料面层中耐酸瓷砖和耐酸瓷板等的规格，设计与定额不同时，可以换算。其换算公式如下：

$$换算用量＝[10m^2/(块料长＋灰缝)×(块料宽＋灰缝)]×单块块料面积×(1＋损耗率)$$

损耗率如下：耐酸瓷砖 3%，耐酸瓷板 3%，花岗岩板 1.5%。

6. 卷材防腐接缝、附加层、收头工料已包括在定额内，不再另行计算。

## 第二节　工程量计算规则

一、保温、隔热。

1. 保温隔热层工程量除按设计图示尺寸和不同厚度以面积计算外，其他按设计图示尺寸以定额项目规定的计量单位计算。

本章定额除地板采暖、块状、松散状及现场调制等保温材料按所处部位设计图示尺寸以体积计算外，都以面积计算。

2. 屋面保温隔热层工程量按设计图示尺寸以面积计算，扣除面积＞0.3m² 孔洞及占位面积。

3. 地面保温隔热层工程量按设计图示尺寸以面积计算，扣除面积＞0.3m² 的柱、垛、孔洞等所占面积，门洞、空圈、暖气包槽、壁龛的开口部分不增加面积。

4. 天棚保温隔热层工程量按设计图示尺寸以面积计算，扣除面积＞0.3m² 的柱、垛、孔洞所占面积，与天棚相连的梁按展开面积，计算并入天棚工程量内。柱帽保温隔热层工程量，并入天棚保温隔热层工程量内。

5. 墙面保温隔热层工程量按设计图示尺寸以面积计算，其中外墙按保温隔热层中心线长度、内墙按保温隔热层净长度乘以设计高度以面积计算。扣除门窗洞口及面积＞0.3m² 梁、孔洞所占面积；门窗洞口侧壁以及与墙相连的柱，并入保温墙体工程量内。

外墙外保温设计注明了粘结层厚度的，按保温层与粘结层总厚度的中心线长度乘以设计高度计算，应包括粘结层。

【例】某工程建筑示意图，如图 10-2 所示，该工程外墙保温做法：①清理基层；②刷界面砂浆 5mm；③刷 30mm 厚胶粉聚苯颗粒；④门窗边做保温宽度为 120mm。计算工程量并套用相应定额子目。

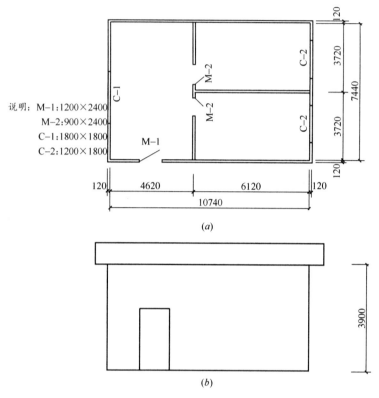

说明：M-1：1200×2400
M-2：900×2400
C-1：1800×1800
C-2：1200×1800

图 10-2 某工程建筑示意图

(a) 平面图；(b) 立面图

解：(1) 墙面保温面积＝[(10.74＋0.24＋0.03)＋(7.44＋0.24＋0.03)]×2×3.90－(1.2×2.4＋1.8×1.8＋1.2×1.8×2)＝135.58(m²)

门窗侧边保温面积＝[(1.8＋1.8)×2＋(1.2＋1.8)×4＋(2.4×2＋1.2)]×0.12＝3.02(m²)

外墙保温总面积＝135.58＋3.02 ＝138.60(m²)

(2) 套用定额子目 10-1-55 胶粉聚苯颗粒保温厚度 30mm，其中清理基层，刷界面砂浆已包含在定额工作内容中，不另计算。

6. 柱、梁保温隔热层工程量按设计图示尺寸以面积计算。柱按设计图示柱断面保温层中心线展开长度乘以高度以面积计算，扣除面积＞0.3m² 梁所占面积。梁按设计图示梁断面保温层中心线展开长度乘以保温层长度以面积计算。

柱、梁保温适用于不与墙、天棚相连的独立柱、梁。柱、梁保温设计注明了粘结层厚度的，按保温层与粘结层总厚度的中心线展开宽度乘以设计高度。

7. 池槽保温层按设计图示尺寸以展开面积计算，扣除面积>0.3m² 孔洞及占位面积。

8. 聚氨酯、水泥发泡保温，区分不同的发泡厚度，按设计图示的保温尺寸以面积计算。

9. 混凝土板上架空隔热，不论架空高度如何，均按设计图示尺寸以面积计算。

设计图示尺寸以面积是指设计架空隔热面积。

10. 地板采暖、块状、松散状及现场调制保温材料，以所处部位按设计图示保温面积乘以保温材料的净厚度（不含胶结材料），以体积计算。按所处部位扣除相应凸出地面的构筑物、设备基础、门窗洞口以及面积>0.3m² 梁、孔洞等所占体积。

在计算平均厚度时，需要注意以下情况：

（1）计算最低点的平均厚度（采用多个找坡情况）。计算思路与混凝土相同，具体分析详见第3）条中两个分解图，如图 10-3 所示：

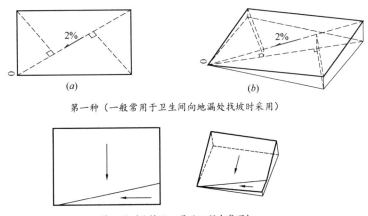

(a)　　　　　　　　　　　　　　　(b)

第一种（一般常用于卫生间向地漏处找坡时采用）

第二种（此情况，屋面工程中常用）

图 10-3　找坡层示意图

(a) 平面；(b) 轴侧图

（2）计算不同区域的加权平均厚度（最薄处的厚度需要调整，以满足最高点不出现高差的情况）。

找坡层厚度计算应满足两个条件，如图 10-4 所示。

① 每个区域找坡层的最高处，必须要以屋脊线的高度为基准点，如图 10-5 所示。

② 不同坡宽的各个区域的坡度必须要一致，不然会出现不在同一个平面内，如图 10-6 所示。

如图 10-4 所示中 4 个不同区域的坡宽的找坡层截面，按照坡宽的长短顺序叠合在一起，可以看出坡宽短的找坡，最薄处的厚度要依序大于坡宽长的找坡最薄处厚度，也就是坡宽短的区域平均厚度，要依序大于坡宽长的区域平均厚度。

控制屋面最厚处厚度的计算方法，是在保证屋面坡度不变和控制屋面最薄处厚度的前提

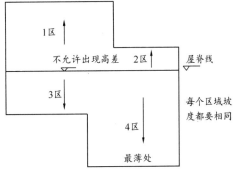

图 10-4　找坡层区域不同时最薄示意图

下，能保证屋面在同一坡面内，屋脊处高度统一，各区段之间不存在高低不平、厚薄不均的现象，从而避免了各区段交接处裂缝渗漏等情况的出现。

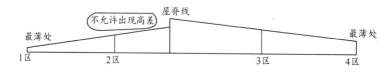

图 10-5　高差出现示意图（坡宽长度由大到小为：4 区＞1 区＞3 区＞2 区）

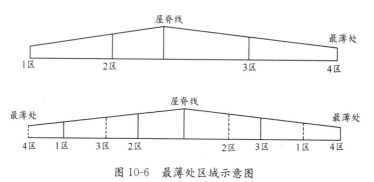

图 10-6　最薄处区域示意图

（3）当出现以上两种情况时，需要根据以上两条说明分别分析计算。

如图 10-7 所示中的找坡层分解开，就是三个形状的组合，即长方体、三棱台和三棱锥，如图 10-8 所示。

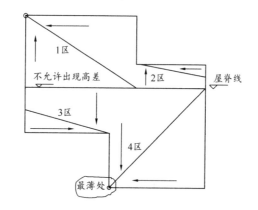

图 10-7　多个找坡层区域不同时最薄示意图

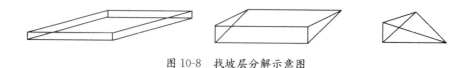

图 10-8　找坡层分解示意图

11. 保温外墙面面砖防水缝子目，按保温外墙面面砖面积计算。

套用定额子目 10-1-76。

二、耐酸防腐。

1. 耐酸防腐工程区分不同材料及厚度，按设计图示尺寸以面积计算。平面防腐工程量应扣除凸出地面的构筑物、设备基础等以及面积＞0.3m²孔洞、柱、垛等所占面积，门洞、空圈、暖气包槽、壁龛的开口部分不增加面积。立面防腐工程量应扣除门、窗、洞口以及面积＞0.3m²孔洞、梁所占面积，门、窗、洞口侧壁、垛凸出部分按展开面积并入墙面内。

2. 平面铺砌双层防腐块料时，按单层工程量乘以系数2计算。

3. 池、槽块料防腐面层工程量按设计图示尺寸以展开面积计算。

4. 踢脚板防腐工程量按设计图示长度乘以高度以面积计算，扣除门洞所占面积，并相应增加侧壁展开面积。

【例】某库房做1.3∶2.6∶7.4耐酸沥青砂浆防腐面层，踢脚线抹1∶0.3∶1.5钢屑砂浆，厚度均为20mm，踢脚线高度200mm，如图10-9所示。墙厚均为240mm，门洞地面做防腐面层，侧边不做踢脚线。计算工程量并套用相应定额子目。

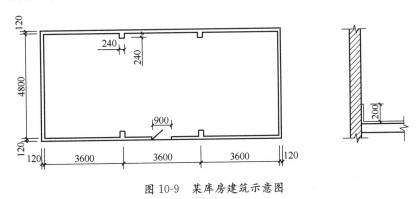

图10-9　某库房建筑示意图

解：（1）防腐砂浆面层面积＝(10.8－0.24)×(4.8－0.24)＝48.15(m²)

套用定额10-2-1耐酸沥青砂浆厚度30mm子目；10-2-2耐酸沥青砂浆厚度每增减5mm子目调减10mm。

（2）砂浆踢脚线＝[(10.8－0.24＋0.24×4＋4.8－0.24)×2－0.90]×0.20＝6.25(m²)

套用定额10-2-10钢屑砂浆厚度20mm子目。

# 第十一章 楼地面装饰工程

## 第一节 定额说明及解释

一、本章定额包括找平层、整体面层、块料面层、其他面层及其他项目五节。

1. 本章适用于一般工业与民用建筑的新建、扩建和改建工程及新装饰工程中的楼地面分部工程。

2. 本章"找平层"小节各子目适用于设计楼地面及屋面建筑做法中的水平方向的找平层，其中的细石混凝土找平层子目仅适用于设计或实际施工厚度≤60mm的情况，厚度＞60mm时，按定额第二章混凝土垫层子目执行。

水泥砂浆在填充材料上找平按20mm取定。在计算砂浆时综合考虑了水泥砂浆压入填充材料内5mm。

3. 本章"整体面层"小节各子目适用于面层材料本身无防水要求的楼地面，面层材料本身有防水要求的楼地面以及与本节材料相同的屋面保护层应按"第九章 屋面及防水工程"相关子目执行。

4. 本章"块料面层小节"中，石材块料面层下的"点缀""拼图案（成品）""图案周边异形块料铺贴另加工料"及"石材楼梯现场加工"子目也同样适用于地板砖面层。

定额中块料面层和石材块料包括大理石与花岗岩块料定额子目，人工、机械消耗量按大理石：花岗岩＝4：6取定；地板砖包括"彩釉砖""全瓷地板砖"。

本章各子目内容均不包含钢筋及铁件制安等工作内容，如找平层或整体面层中需设置铁件或钢筋片，执行"第五章 钢筋及混凝土工程"中的相关子目。轻骨料混凝土填充层执行"第二章 地基处理与边坡支护工程"相应子目。

二、本章中的水泥砂浆、混凝土的配合比，当设计、施工选用配比与定额取定不同时，可以换算，其他不变。

本条可换算的砂浆指的是子目中的主体砂浆。本章与砂浆相关的定额项目均按现拌砂浆考虑（若实际采用预拌砂浆时，按总说明中的规定调整）。本章细石混凝土按商品混凝土考虑，其相应定额子目不包含混凝土搅拌用工。

三、本章中水泥自流平、环氧自流平、耐磨地坪、塑胶地面材料可随设计施工要求或所选材料生产厂家要求的配比及用量进行调整。

水泥自流平找平层平均厚度取定4mm，彩色水泥自流平面层厚度考虑填坑填缝取定6.5mm，自流平水泥用量按1.78kg/m²/mm取定，如选用的施工厚度及材料用量与定额取定不符，可调整定额内自流平水泥材料含量，其他不变。水泥自流平浆体按现场人工操作电动搅拌器搅拌考虑。此两项工作内容包括底层涂刷专业界面剂，不包括面层打蜡及完成后地面切缝。

自流平基层处理用于自流平底涂施工前，因基层达不到施工要求而必须进行的铲除、打磨及清理。基层及面层为同一单位施工的，不得套用此项定额。

环氧自流平涂料分为"底涂一道、中涂砂浆、腻子层及面涂一道"四项定额子目，因设计施工厚度不同及环氧涂料各生产厂家规定的配比用量不同，致使材料用量与定额取定不同时，可调整材料含量。

"金刚砂耐磨地坪"定额子目中包含的细石混凝土厚度为 50mm，实际与定额不同时需进行调整。选用其他金属或非金属耐磨骨料施工的耐磨地坪，可根据实际使用材质及用量与该项定额中的金刚砂进行换算。

四、整体面层、块料面层中，楼地面项目不包括踢脚板（线）；楼梯项目不包括踢脚板（线）、楼梯梁侧面、牵边；台阶不包括侧面、牵边，设计有要求时，按本章及本定额"第十二章 墙柱面装饰与隔断、幕墙工程""第十三章 天棚工程"相应定额项目计算。

水泥砂浆踢脚线本次编制高度按 150mm 取定，厚度按《建筑工程做法》L13J1 踢 1A、B 分列 12mm 厚及 18mm 厚两项。设计施工选用踢脚线高度及砂浆标号与定额取定不同时，不予调整。

水泥砂浆楼梯每 10m² 投影面积取定展开面积 13.3m²，包括踏步、休息平台，不包括靠墙踢脚线、侧面（堵头）、牵边、底面抹灰、找平层。其踢脚线执行本章水泥砂浆踢脚线定额，乘以系数 1.15，侧面、底面抹灰执行"第十三章 天棚工程"相应计算规则及定额项目，找平层按楼地面找平层相应定额乘以系数 1.15 执行。

石材楼梯板及石材踢脚板材料均按下料半成品考虑，定额内的石料切割机仅为下料尺寸与施工现场存在小偏差时做调整时使用。如为整块石材现场加工楼梯板、踢脚板，需加套"石材楼梯现场加工"定额。

地板砖踢脚板按规格块料工厂下料加工半成品考虑，定额内的石料切割机仅为下料尺寸与施工现场存在小偏差时做调整时使用。如为整块地板砖现场加工踢脚板，可加套"石材楼梯现场加工"定额。

五、预制块料及仿石块料铺贴，套用相应石材块料定额项目。

预制水磨石板地面的铺贴做法与大理石、花岗岩地面铺贴做法基本一致，现下的仿石材块料楼地面的铺贴方式也与石材块料基本相似。

设计块料面层中有不同种类、材质的材料，应分别计算工程量，并套用相应定额项目。

这里所说的仿石材块料不是指面层做仿石材处理的各种陶瓷砖，而是指新技术下通体做仿石材处理的块料以及混合天然石材粉末经二次加工而成的人造石材。

六、石材块料各项目的工作内容均不包括开槽、开孔、倒角、磨异形边等特殊加工内容。

七、石材块料楼地面面层分色子目，按不同颜色、不同规格的规则块料拼简单图案编制。其工程量应分别计算，均执行相应分色项目，如图 11-1 所示。

八、镶贴石材按单块面积≤0.64m² 编制。石材单块面积＞0.64m² 的，砂浆贴项目每 10m² 增加用工 0.09 工日，胶粘剂贴

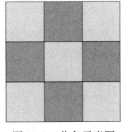

图 11-1　分色示意图

项目每 10m² 增加用工 0.104 工日。

九、石材块料楼地面面层点缀项目，其点缀块料按规格块料现场加工考虑。单块镶拼面积≤0.015m² 的块料适用于此定额。如点缀块料为加工成品，需扣除定额内的"石料切割锯片"及"石料切割机"，人工乘以系数 0.4。被点缀的主体块料如为现场加工，应按其加工边线长度加套"石材楼梯现场加工"项目，如图 11-2 所示。

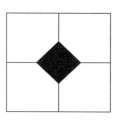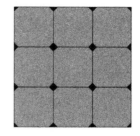

本定额考虑到被点缀主体块料面层套用的石材面层子目并未考虑现场加工点缀处边角的工作内容，且被加工切割掉的部分也很难再加以利用，故对需现场加工的

图 11-2　点缀示意图

被点缀块料主体增加人工机械，按其加工边线长度加套"石材楼梯现场加工"子目。

十、块料面层拼图案（成品）项目，其图案石材定额按成品考虑。图案外边线以内周边异形块料如为现场加工，套用相应块料面层铺贴项目，并加套"图案周边异形块料铺贴另加工料"项目。

块料面层拼图案（成品）项目，其图案材料定额按成品考虑。图案外边线以内周边异形块料如为现场加工，则该部分异形块料除按实贴面积套用相应块料面层铺贴项目外，还需套用图案周边异形块料铺贴另加工料项目。周边异形铺贴块料的损耗率，应根据现场实际情况计算，超出部分并入相应块料面层铺贴项目内。遇异形房间，块料面层需现场切割的，被切割的异形块料的定额套项及材料损耗计算同上。

十一、楼地面铺贴石材块料、地板砖等，遇异形房间需现场切割时（按经过批准的排版方案），被切割的异形块料加套"图案周边异形块料铺贴另加工料"项目。

十二、异形块料现场加工导致块料损耗超出定额损耗的，应根据现场实际情况计算损耗率，超出部分并入相应块料面层铺贴项目内。

十三、楼地面铺贴石材块料、地板砖等，因施工验收规范、材料纹饰等限制导致裁板方向、宽度有特定要求（按经过批准的排版方案），致使其块料损耗超出定额损耗的，应根据现场实际情况计算损耗率，超出部分并入相应块料面层铺贴项目内。

十四、定额中的"石材串边""串边砖"指块料楼地面中镶贴颜色或材质与大面积楼地面不同且宽度≤200mm 的石材或地板砖线条，定额中的"过门石""过门砖"指门洞口处镶贴颜色或材质与大面积楼地面不同的单独石材或地板砖块料，如图 11-3 所示。

十五、除铺缸砖（勾缝）项目，其他块料楼地面项目，定额均按密缝编制。若设计缝宽与定额不同时，其块料和勾缝砂浆的用量可以调整，其他不变。

楼地面铺缸砖（勾缝）子目，定额按缸砖尺寸 150mm×150mm，缝宽 6mm 编制，若选用缸砖尺寸及设计缝宽与定额不同时，其块料和勾缝砂浆的用量可以调整，其他不变。

块料面层的材料用量计算方法（同样适用于墙面的）

（1）10m² 块料净用量＝10/[（块料长＋灰缝宽）×（块料宽＋灰缝宽）]

（2）10m² 块料总消耗量＝块料净用量×（1＋材料损耗率）

（3）结合层材料用量＝10m²×结合层厚度

（4）10m² 灰缝材料净用量＝[10－（块料长×块料宽×10m² 块料净用量）]×灰缝宽

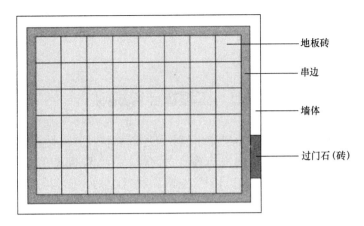

图 11-3　过门石、串边示意图

（5）10m$^2$ 砂浆总消耗量＝（结合层材料用量＋灰缝材料净用量）×（1＋材料损耗率）

十六、定额中的"零星项目"适用于楼梯和台阶的牵边、侧面、池槽、蹲台等项目，以及面积≤0.5m$^2$ 且定额未列项的工程。

十七、镶贴块料面层的结合层厚度与定额取定不符时，水泥砂浆结合层按"11-1-3 水泥砂浆每增减 5mm"进行调整，干硬性水泥砂浆按"11-3-73 干硬性水泥砂浆每增减 5mm"进行调整。

十八、木楼地面小节中，无论实木还是复合地板面层，均按人工净面编制，如采用机械净面，人工乘以系数 0.87。

"条形实木地板（成品）"相应定额子目也适用于相同铺设方式的条形实木集成地板、竹地板及实木复合地板等。

"成品木踢脚线（胶贴）"定额子目适用于胶贴施工的各种成品踢脚，使用时用实际材料置换成品木踢脚即可。

十九、实木踢脚板项目，定额按踢脚板固定在垫块上编制。若设计要求做基层板，另按本定额"第十二章　墙、柱饰面与幕墙、隔断工程"中的相应基层板项目计算。

本定额按踢脚板固定在垫块上编制，且踢脚板背面及垫块上考虑满涂防腐油。如实际铺钉时不使用垫块及防腐油，可从该项定额中扣除。"不锈钢板成品踢脚（固定卡件安装）"定额子目适用于用固定卡件连接安装的各种材质的成品踢脚，使用时用实际材料置换不锈钢成品踢脚即可。"塑胶板踢脚板粘贴"子目中踢脚板高度按 120mm 取定，如实际高度不同，可调整定额内塑胶板的材料含量。

二十、楼地面铺地毯，定额按矩形房间编制。若遇异形房间，设计允许接缝时，人工乘以系数 1.10，其他不变；设计不允许接缝时，人工乘以系数 1.20，地毯损耗率根据现场裁剪情况据实测定。

宾馆标准间的地毯地面，尽管为异形，因为可以套裁，损耗率大大降低。

二十一、"木龙骨单项铺间距 400mm（带横撑）"项目，如龙骨不铺设垫块时，每 10m$^2$ 调减人工 0.2149 工日，调减板方材 0.0029m$^3$，调减射钉 88 个。该项定额子目按《建筑工程做法》L13J1 地 301、楼 301 编制，如设计龙骨规格及间距与其不符，可调整定额龙骨材料含量，其余不变。

地板砖的定额说明：消耗量定额对楼地面贴地砖项目，按块料周长设置定额步距。由于各种地面砖硬度相近，其人材机消耗主要取决于单片地砖的规格，所以套用时应以单片地砖的规格尺寸套用相应定额。

# 第二节　工程量计算规则

一、楼地面找平层和整体面层均按设计图示尺寸以面积计算。计算时应扣除凸出地面构筑物、设备基础、室内铁道、室内地沟等所占面积，不扣除间壁墙及不大于 0.3m² 的柱、垛、附墙烟囱及孔洞所占面积，门洞、空圈、暖气包槽、壁龛的开口部分亦不增加（间壁墙指墙厚不大于 120mm 的墙）。

该条规定仅适用于找平层和整体面层的工程量计算，由于此类项目造价较低，所以工程量计算规则比较粗略。

二、楼、地面块料面层，按设计图示尺寸以面积计算。门洞、空圈、暖气包槽和壁龛的开口部分并入相应的工程量内。

该条规定适用于块料面层的工程量计算，由于此类项目造价较高，所以工程量计算规则比较精确。

三、木楼地面、地毯等其他面层，按设计图示尺寸以面积计算。门洞、空圈、暖气包槽和壁龛的开口部分并入相应的工程量内。

该条规定适用于木楼地面、地毯等其他面层同块料面层的工程量计算，由于此类项目造价较高，所以工程量计算规则比较精确。

四、楼梯面层按设计图示尺寸以楼梯（包括踏步、休息平台及不大于 500mm 宽的楼梯井）水平投影面积计算。楼梯与楼地面相连时，算至梯口梁内侧边沿，无梯口梁者，算至最上一层踏步边沿加 300mm。

小于等于 500mm 宽的梯井，应包括在楼梯投影面积内，当梯井宽大于 500mm 时，应将该梯井的投影面积整体从楼梯的投影面积扣除。

五、旋转、弧形楼梯的装饰，其踏步按水平投影面积计算，执行楼梯的相应子目，人工乘以系数 1.20；其侧面按展开面积计算，执行零星项目的相应子目。

六、台阶面层按设计图示尺寸以台阶（包括最上层踏步边沿加 300mm）水平投影面积计算。

七、串边（砖）、过门石（砖）按设计图示尺寸以面积计算。

八、块料零星项目按设计图示尺寸以面积计算。

九、踢脚线按长度计算工程量。水泥砂浆踢脚线计算长度时，不扣除门洞口的长度，洞口侧壁亦不增加。

由于此类项目造价较低，所以工程量计算规则比较粗略。

十、踢脚板按设计图示尺寸以面积计算。

由于此类项目造价较高，所以工程量计算规则比较精确。避免计算异形踢脚板（尤其是楼梯靠墙处锯齿形踢脚板）时出现歧义。

十一、地面点缀按点缀数量计算。计算地面铺贴面积时，不扣除点缀所占面积。

不扣除点缀所占面积，主体块料加工用工亦不增加。其主体块料切割掉的面积不扣除，切割人工亦不增加，这是以料抵工的处理方法。

十二、块料面层拼图案（成品）项目，图案按实际尺寸以面积计算。图案周边异形块料铺贴另加工料项目，按图案外边线以内周边异形块料实贴面积计算。图案外边线是指成品图案所影响的周围规格块料的最大范围，如图 11-4、图 11-5 所示。

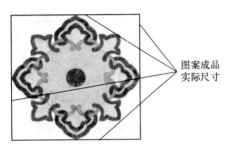
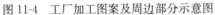

图 11-4　工厂加工图案及周边部分示意图

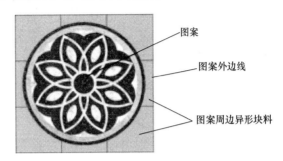

图 11-5　工厂仅加工图案部分示意图

本规则中的实际尺寸是指图案成品的工厂加工尺寸，如该图案本身即为矩形或工厂将非矩形图案周边的部分一起加工，按矩形成品供至施工现场，则该矩形成品的尺寸即为实际尺寸；如工厂仅加工非矩形图案部分，则非矩形图案成品尺寸即为实际尺寸。

本规则中图案外边线，指图案成品为非矩形时，成品图案所影响的周围规格块料的最大范围，即周围规格块料出现配合图案切割的最大范围。

十三、楼梯石材现场加工，按实际切割长度计算。

十四、防滑条、地面分格嵌条按设计尺寸以长度计算。

十五、楼地面面层割缝按实际割缝长度计算。

【例】某装饰工程二楼小会客厅的楼面装修设计如图 11-6 所示，地面主体面层为规格 1000mm×1000mm 的灰白色抛釉地板砖；地板砖外圈用黑色大理石串边，串边宽度为 200mm；灰白色砖交界处用深色砖点缀，点缀尺寸为 100mm×100mm 的方形及等腰边长为 100mm 的三角形；房间中部铺贴圆形图案成品石材拼图，图案半径为 1250mm。房间墙体为加气混凝土砌块墙，墙厚 200mm，墙面抹混合砂浆 15mm，北侧墙体设两扇

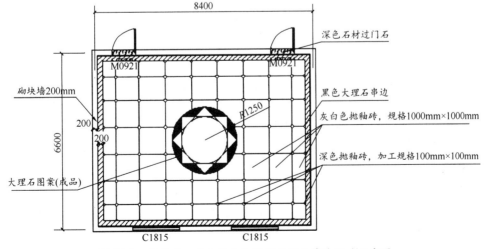

图 11-6　某装饰工程二楼小会客厅的楼面装修设计示意图

900mm 宽的门,门下贴深色石材过门石。

为确保地面铺贴的对称和美观,且满足当地验收规范中地砖宽度不得小于半砖的要求,甲乙双方共同通过该会客厅楼面排版方案,具体尺寸如图 11-7 所示。根据工程实际情况,施工时保留地砖缝宽 1mm;点缀块料为工厂切割加工成设计规格,点缀周边主体地板砖边线为现场切割,图案周边异形地板砖为现场切割加工。因选用的灰白色地砖纹饰无明显走向特征,施工方承诺排版图中小于半砖尺寸的砖采用半砖切割(图中标注尺寸为块料尺寸,不含缝宽)。

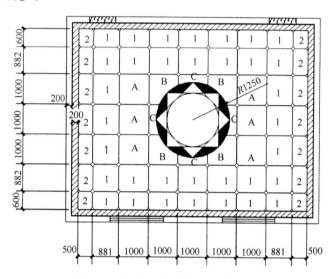

图 11-7 会客厅楼面排版方案示意图

现将该房间楼面各项工程量计算如下:

(1) 石材拼图案(成品):$3.14 \times 1.25^2 = 4.906$($m^2$)

(2) 灰白色抛釉地板砖(1000mm×1000mm):$(8.4-0.2-0.4) \times (6.6-0.2-0.4) -4.906 = 41.894\ m^2$

(3) 图案周边异形块料铺贴:$(3+0.002) \times (3+0.002)-4.906 = 4.106$($m^2$)

(4) 深色地砖点缀:44 个方形,28 个三角形

(5) 灰色地板砖因点缀产生的现场加工边线:$0.1 \times 4 \times 44 + 0.1 \times 2 \times 28 = 23.2$(m)

(6) 黑色大理石串边:$(8.2-0.2+6.4-0.2) \times 2 \times 0.2 = 5.68$($m^2$)

(7) 深色石材过门石:$0.9 \times 0.2 \times 2 = 0.36$($m^2$)

该工程圆形石材图案、黑色大理石串边及深色石材过门石的石材厚度均为 20mm,设计铺贴做法选用《建筑工程做法》L13J1 中楼 204:① 20mm 厚大理石(花岗石)板,稀水泥浆或彩色水泥浆擦缝;② 30mm 厚 1∶3 干硬性水泥砂浆;③ 素水泥浆一道;④ 现浇钢筋混凝土楼板。

主体面层地板砖及点缀地板砖厚度均为 12mm,设计铺贴做法选用图集 L13J1 中楼 201:① 8~10mm 厚地砖铺实拍平,稀水泥浆擦缝;② 20mm 厚 1∶3 干硬性水泥砂浆;③ 素水泥浆一道;④ 现浇钢筋混凝土楼板。

根据设计做法结合工程实际,现本工程套用定额如表 11-1 所示。

**建筑做法定额分析表**　　　　　　　　　　　　　　　　　　　表 11-1

| 序号 | 定额编号 | 定额名称 | 单位 | 工程量 | 备注 |
|------|---------|---------|------|-------|------|
| 1 | 11-3-8 | 石材块料楼地面拼图案（成品）干硬性水泥砂浆 | 10m² | 0.491 | |
| 2 | 11-3-9 | 石材块料楼地面图案周边异形块料铺贴另加工料 | 10m² | 0.411 | |
| 3 | 11-3-7 | 石材块料楼地面点缀 | 10 个 | 4.4 | 方形，按加工成品调整定额人材机 |
| 4 | 11-3-7 | 石材块料楼地面点缀 | 10 个 | 2.8 | 三角形，按加工成品调整定额人材机 |
| 5 | 11-3-14 | 石材块料串边、过门石干硬性水泥砂浆 | 10m² | 0.568 | 黑色大理石串边 |
| 6 | 11-3-14 | 石材块料串边、过门石干硬性水泥砂浆 | 10m² | 0.036 | 深色石材过门石 |
| 7 | 11-3-26 | 石材楼梯现场加工 | 10m | 2.32 | |
| 8 | 11-3-38 | 地板砖楼地面干硬性水泥砂浆（周长≤4000mm） | 10m² | 4.189 | 调整地板砖材料定额消耗量为 12.8m² |
| 9 | 11-3-73 | 结合层调整干硬性水泥砂浆每增减 5mm | 10m² | 16.756 | |

地板砖调整说明：因为工程图案周边异形块料为现场切割，本工程裁板宽度有特定要求且有批准的排版图，根据本章说明第十条、十二条及十三条的规定，以上两种情况导致块料损耗超出定额损耗的，应根据现场实际情况计算损耗率，超出部分并入相应块料面层铺贴项目内。

根据设计排版图（不考虑点缀切割的边角），现将地板砖损耗计算如下：

① 本工程共用 1000mm×1000mm 规格砖整砖 6 块（排版图中标注 A 的）。

② 图案周边异形块料耗用整砖切割的为 4 块角砖（排版图中标注 B 的），耗用半砖切割的为 4 块边线砖（排版图中标注 C 的），图案周边共耗用规格砖 4＋4÷2＝6 块。

③ 因保证排版图效果所必须的排版裁切，耗用整砖切割的 34 块（排版图中标注 1 的），耗用半砖及半砖切割的 14 块（排版图中标注 2 的），排版裁切共耗用规格砖 34＋14÷2＝41（块）；

本工程下料共用规格砖 6＋6＋41＝53 块，折合面积 53m²，下料损耗率为（53÷41.894－1）×100％＝26.5％，定额材料损耗率（不含下料损耗）为 1.5％，则本工程地板砖材料损耗率为 26.5％＋1.5％＝28％，需调整 11-3-38 定额子目中的地板砖材料定额消耗量为 10×（1＋28％）＝12.8（m²）。

结合层调整说明：本工程为石材及地板砖混合铺贴，因块料厚度不同，选用设计图集结合层厚度也不同，为保证铺贴完成后面层为同一标高，应调整地板砖实际结合层厚度，实际厚度为 20mm（石材厚度）＋30mm（石材设计结合层厚度）－12mm（地板砖厚度）

＝38mm，因套用的"11-3-38 地板砖楼地面干硬性水泥砂浆"定额结合层厚度为 20mm，需调整结合层厚度 18mm，套用"11-3-73 结合层调整干硬性水泥砂浆每增减 5mm"，共调整 4 次（不足 5mm 按 5mm 计），工程量即为 4.189×4＝16.756（10m²）。

　　点缀项目人材机调整说明：根据本章说明第九条，点缀块料为加工成品，需扣除定额内的"石料切割锯片"及"石料切割机"，人工乘以系数 0.4。

　　十六、石材底面刷养护液按石材底面及四个侧面面积之和计算。

　　十七、楼地面酸洗、打蜡等基（面）层处理项目，按实际处理基（面）层面积计算，楼梯台阶酸洗打蜡项目，按楼梯、台阶的计算规则计算。

# 第十二章 墙、柱面装饰与隔断、幕墙工程

## 第一节 定额说明及解释

一、本章定额包括墙、柱面抹灰，铺贴块料面层，墙、柱饰面，隔断、幕墙，墙、柱面吸音五节，如图 12-1 所示。

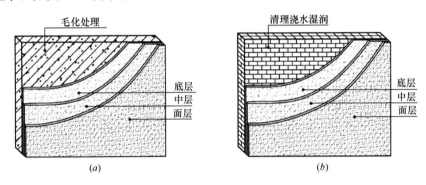

图 12-1 墙体抹灰层构造示意图

（a）混凝土墙体抹灰层构造示意图；（b）加气块墙体抹灰层构造示意图

（1）墙、柱面抹灰：设置抹灰砂浆种类，按砖墙、混凝土墙（砌块墙）、拉毛、零星项目、柱面和装饰线条，以厚度及调整子目设置列项。

（2）镶贴块料面层：大理石、花岗岩两种石材合并为石材块料，依据墙、柱面的块料排版图由专业加工厂切割、加工成品、现场铺装，使用时按实调整材料种类。

超过 600mm 的墙砖因考虑安全因素在施工上采用挂贴或干挂工艺。

二、凡注明砂浆种类、配合比、饰面材料型号规格的，设计与定额不同时，可按设计规定调整，其他不变。

以 12-1-4 水泥砂浆混凝土墙面举例预拌砂浆（干拌）的换算方法。

定额中砂浆含量：0.1011＋0.0696＝0.174（m³）

① 人工扣除：0.174×0.382＝0.06647（工日）即 1.37（定额含量）－0.06647＝1.3035（工日）。

② 预拌砂浆罐式搅拌机：0.174×0.041＝0.00713（台班）。

③ 灰浆搅拌机台班扣除。

三、如设计要求在水泥砂浆中掺防水粉等外加剂时，可按设计比例增加外加剂，其他工料不变。

四、圆弧形、锯齿形等不规则的墙面抹灰、铺贴块料、饰面，按相应项目人工乘以系数 1.15。

五、墙面抹灰的工程量，不扣除各种装饰线条所占面积。

"装饰线条"抹灰适用于门窗套、挑檐、腰线、压顶、遮阳板、楼梯边梁、宣传栏边框等展开宽度≤300mm的竖、横线条抹灰，展开宽度>300mm时，按图示尺寸以展开面积并入相应墙面计算。

六、镶贴块料面层子目，除定额已注明留缝宽度的项目外，其余项目均按密缝编制。若设计留缝宽度与定额不同时，其相应项目的块料和勾缝砂浆用量可以调整，其他不变。

七、粘贴瓷质外墙砖子目，定额按三种不同灰缝宽度分别列项，其人工、材料已综合考虑。如灰缝宽度>20mm时，应调整定额中瓷质外墙砖和勾缝砂浆（1∶1水泥砂浆）或填缝剂的用量，其他不变。瓷质外墙砖的损耗率为3%。

八、块料镶贴的"零星项目"适用于挑檐、天沟、腰线、窗台线、门窗套、压顶、栏板、扶手、遮阳板、雨篷周边等。

九、镶贴块料高度>300mm时，按墙面、墙裙项目套用；高度≤300mm按踢脚线项目套用。

十、墙柱面抹灰、镶贴块料面层等均未包括墙面专用界面剂做法，如设计有要求时，按定额"第十四章　油漆、涂料及裱糊工程"相应项目执行。

十一、粘贴块料面层子目，定额中的砂浆种类、配合比、厚度与定额不同时，允许调整，砂浆损耗率2.5%。

十二、挂贴块料面层子目，定额中包括了块料面层的灌缝砂浆（均为50mm厚）其砂浆种类、配合比，可按定额相应规定换算；其厚度，设计与定额不同时，调整砂浆用量，其他不变。

十三、阴、阳角墙面砖45°角对缝，包括面砖、瓷砖的割角损耗，如图12-2所示。

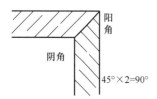

图12-2　阴、阳角墙面砖
45°角对缝示意图

十四、饰面面层子目，除另有注明外，均不包含木龙骨、基层。

十五、墙、柱饰面中的软包子目是综合项目，包括龙骨、基层、面层等内容，设计不同时材料可以换算。

十六、墙、柱饰面中的龙骨、基层、面层均未包括刷防火涂料。如设计有要求时，按本定额"第十四章　油漆、涂料及裱糊工程"相应项目执行。

定额内除另有注明者外，均未包括压条、收边、装饰线（板），设计有要求时，按"第十五章其他装饰工程"相应项目执行。

十七、木龙骨基层项目中龙骨是按双向计算的，设计为单向时，人工、材料、机械消耗量乘以系数0.55。

十八、基层板上钉铺造型层，定额按不满铺考虑。若在基层板上满铺板时，可套用造型层相应项目，人工消耗量乘以系数0.85。

十九、墙柱饰面面层的材料不同时，单块面积≤0.03m² 的面层材料应单独计算，且不扣除其所占饰面面层的面积。

二十、幕墙所用的龙骨，设计与定额不同时允许换算，人工用量不变。

二十一、点支式全玻璃幕墙不包括承载受力结构。

## 第二节 工程量计算规则

一、内墙抹灰工程量按以下规则计算：

1. 按设计图示尺寸以面积计算。计算时应扣除门窗洞口和空圈所占的面积，不扣除踢脚板（线）、挂镜线、单个面积≤0.3m² 的空洞以及墙与构件交接处的面积，洞侧壁和顶面不增加面积。墙垛和附墙烟囱侧壁面积与内墙抹灰工程量合并计算。

2. 内墙面抹灰的长度，以主墙间的图示净长尺寸计算。其高度确定如下：

(1) 无墙裙的，其高度按室内地面或楼面至天棚底面之间距离计算。

(2) 有墙裙的，其高度按墙裙顶至天棚底面之间距离计算。

3. 内墙裙抹灰面积按内墙净长乘以高度计算（扣除或不扣除内容同内墙抹灰）。

4. 柱抹灰按设计断面周长乘以柱抹灰高度以面积计算。

二、外墙抹灰工程量按以下规则计算：

1. 外墙抹灰面积，按设计外墙抹灰的设计图示尺寸以面积计算。计算时应扣除门窗洞口、外墙裙和单个面积＞0.3m² 孔洞所占面积，洞口侧壁面积不另增加。附墙垛、飘窗凸出外墙面增加的抹灰面积并入外墙面工程量内计算。

由于此类项目造价较低，所以工程量计算规则比较粗略。

2. 外墙裙抹灰面积按其设计长度乘以高度计算（扣除或不扣除内容同外墙抹灰）。

3. 墙面勾缝按设计勾缝墙面的设计图示尺寸以面积计算。不扣除门窗洞口、门窗套、腰线等零星抹灰所占的面积，附墙柱和门窗洞口侧面的勾缝面积亦不增加。独立柱、房上烟囱勾缝，按设计图示尺寸以面积计算。

三、墙、柱面块料面层工程量按设计图示尺寸以面积计算。

例：某装饰工程，如图 12-3～图 12-6 所示，房间外墙厚度 240mm，中到中尺寸为 12000mm×18000mm，800mm×800mm 独立柱 4 根，门窗占位面积 80m²，柱垛展开面积 11m²，吊顶高度 3750mm，做法：地面 2mm 厚 1：3 水泥砂浆找平、20mm 厚 1：2 干性水泥砂浆粘贴 800mm×800mm 玻化砖，木质成品踢脚线、高度 150mm，墙体混合砂浆抹灰厚度 20mm、抹灰面满刮成品腻子两遍面罩乳胶漆两遍，天棚轻钢龙骨石膏板面刮成品

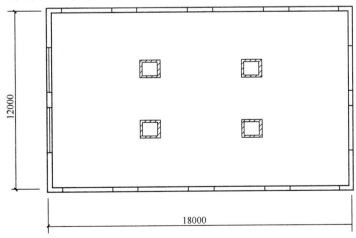

图 12-3 某工程大厅平面示意图

腻子两遍面罩乳胶漆两遍，柱面挂贴 30mm 厚花岗石板，花岗石板和柱结构面之间空隙填灌 50mm 厚的 1：3 水泥砂浆。问题：根据以上背景资料计算该工程墙面抹灰、花岗石柱面工程量并确定相应定额。

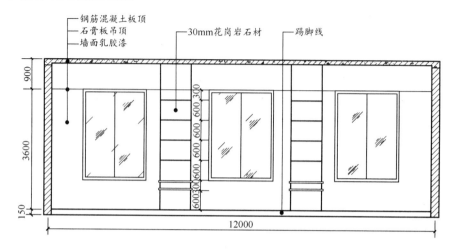

图 12-4　某工程大厅剖面图

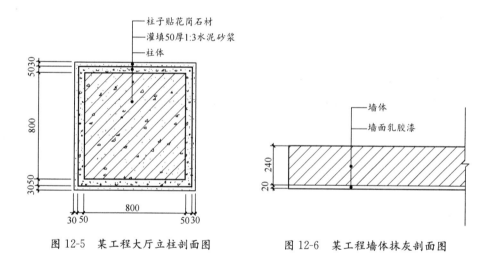

图 12-5　某工程大厅立柱剖面图　　　　图 12-6　某工程墙体抹灰剖面图

解：（1）墙面抹灰工程量：$[(12-0.24)+(18-0.24)]\times2\times3.75-80$（门窗洞口占位面积）$+11$（柱垛展开面积）$=152.4$（$m^2$）

在套用定额子目 12-1-9 砖墙混合砂浆抹面时，因定额中只考虑了 15mm 的厚度，需要增加 5 遍定额子目 12-1-17 抹灰砂浆厚度调整混合砂浆每增减 1mm 厚。

（2）花岗石柱面工程量：$[0.8+(0.05+0.03)\times2]\times4\times3.75\times4$（根）$=57.6$（$m^2$）

套用定额子目 12-2-2 镶贴块料面层挂贴石材块料柱面。

四、墙柱饰面、隔断、幕墙工程量按以下规则计算：

1. 墙、柱饰面龙骨按图示尺寸长度乘以高度，以面积计算。定额龙骨按附墙、附柱考虑，若遇其他情况，按下列规定乘以系数：

（1）设计龙骨外挑时，其相应定额项目乘以系数 1.15；

（2）设计木龙骨包圆柱，其相应定额项目乘以系数 1.18；

（3）设计金属龙骨包圆柱，其相应定额项目乘以系数 1.20。

2. 墙饰面基层板、造型层、饰面面层按设计图示墙净长乘以净高以面积计算，扣除门窗洞口及单个>0.3m² 的孔洞所占面积。

3. 柱饰面基层板、造型层、饰面面层按设计图示饰面外围尺寸以面积计算。柱帽、柱墩并入相应柱饰面工程量内。

4. 隔断、间壁按设计图示框外围尺寸以面积计算，不扣除≤0.3m² 的孔洞所占面积。

5. 幕墙面积按设计图示框外尺寸以外围面积计算。全玻璃幕墙的玻璃肋并入幕墙面积内，点支式全玻璃幕墙钢结构桁架另行计算，圆弧形玻璃幕墙材料的煨弯费用另行计算。

五、墙面吸音子目，按设计图示尺寸以面积计算。

# 第十三章 天 棚 工 程

## 第一节 定额说明及解释

一、本章定额包括天棚抹灰、天棚龙骨、天棚饰面、雨篷四节。

（1）天棚抹灰按照面层砂浆的种类划分定额项目，列有麻刀灰、水泥砂浆和混合砂浆抹面、混合砂浆一次抹灰、混合砂浆和水泥砂浆调整项（若实际采用预拌砂浆时，按总说明中的规定调整）。

（2）天棚龙骨按照龙骨种类以平面、跌级、艺术造型天棚龙骨划分项目。

天棚木龙骨按平面和跌级天棚龙骨分别列项，以单层与双层结构划分子目；轻钢龙骨按平面和跌级天棚分别列项，按底层中、小龙骨形成的网格尺寸 300mm×300mm、450mm×450mm、600mm×600mm 和 600mm×600mm 划分子目；装配式 T 形铝合金龙骨分平面和跌级，按底层中、小龙骨形成的网格尺寸 600mm×600mm 列项；铝合金方板、条板天棚龙骨按底层中、小龙骨形成的网格尺寸 500mm×500mm、600mm×600mm 列项；铝合金方板龙骨除按面层规格列项外，还分为嵌入式和浮搁式；艺术造型天棚龙骨（藻井天棚、吊挂式天棚、阶梯形天棚、锯齿形天棚）。

二、本章中凡注明砂浆种类、配合比、饰面材料型号规格的，设计规定与定额不同时，可以按设计规定换算，其他不变。

三、天棚划分为平面天棚、跌级天棚和艺术造型天棚。艺术造型天棚包括藻井天棚、吊挂式天棚、阶梯形天棚、锯齿形天棚，如图 13-1 所示。

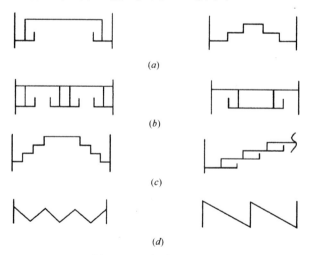

图 13-1 天棚类型示意图

(a) 藻井天棚；(b) 吊挂式天棚；(c) 阶梯形天棚；(d) 锯齿形天棚

天棚类型的界定：

（1）平面天棚指的是天棚面层在同一标高者；

（2）跌级天棚指的是天棚面层不在同一标高者；

（3）艺术造型天棚。

藻井天棚是中国特有的建筑结构和装饰手法。它是在天棚最显眼的位置做一个多角形、圆形或方形的凹陷部分，然后装修斗拱、描绘图案或雕刻花纹。

吊挂式天棚是指天棚的装修表面与屋面板或楼板之间留有一定距离，这段距离形成的空腔可以将设备管线和结构隐藏起来，也可使天棚在这段空间高度上产生变化，形成一定的立体感，增强装饰效果。

阶梯形天棚是指天棚面层不在同一标高且超过三级者。

锯齿形天棚是按其构成形状来命名的，主要是为了避免灯光直射到室内，而做成若干间断的单坡天棚顶，若干个天棚顶排列起来就像锯齿一样。

四、本章天棚龙骨是按平面天棚、跌级天棚、艺术造型天棚龙骨设置项目。按照常用材料及规格编制，设计规定与定额不同时，可以换算，其他不变。若龙骨需要进行处理（如煨弯曲线等），其加工费另行计算。材料的损耗率分别为：木龙骨5%，轻钢龙骨5%，铝合金龙骨5%。

艺术造型天棚龙骨设置了一个项目，藻井天棚、吊挂式天棚、阶梯型天棚、锯齿型天棚龙骨都执行该子目，设计规定的材料及其规格与定额不同时，可以换算，其他不变。

五、天棚木龙骨子目，区分单层结构和双层结构。单层结构是指双向木龙骨形成的龙骨网片，直接由吊杆引上、与吊点固定的情况；双层结构是指双向木龙骨形成的龙骨网片，首先固定在单向设置的主木龙骨上，再由主木龙骨与吊杆连接、引上、与吊点固定的情况。

成品木龙骨：吊筋采用$\phi$8吊筋，木龙骨网片采用25mm×30mm的成品方木，网格尺寸300mm×300mm，双层结构增加单向木龙骨40mm×60mm方木，间距850mm，吊点取定每平方米1.5个，木龙骨损耗率取定为5%。

轻钢龙骨及铝合金龙骨：吊筋采用$\phi$8吊筋，各个子目均按双层龙骨考虑，主龙骨为单向设置，并以中、小龙骨形成的网格尺寸列项，轻钢龙骨损耗率为6%，铝合金龙骨损耗率为6%。

天棚木龙骨用量可按实际用量调整，人工、机械用量不变，吊筋的型号、用量不同时可以调整。

六、非艺术造型天棚中，天棚面层在同一标高者为平面天棚，天棚面层不在同一标高者为跌级天棚。跌级天棚基层、面层按平面定额项目人工乘以系数1.1，其他不变。

1. 平面天棚与跌级天棚的划分。

房间内全部吊顶、局部向下跌落，最大跌落线向外、最小跌落线向里每边各加0.60m，两条0.60m线范围内的吊顶，为跌级吊顶天棚，其余为平面吊顶天棚，如图13-2所示。

若最大跌落线向外、距墙边≤1.2m时，最大跌落线以外的全部吊顶为跌级吊顶天棚。如图13-3所示。

若最小跌落线任意两对边之间的距离≤1.8m时，最小跌落线以内的全部吊顶为跌级吊顶天棚，如图13-4所示。

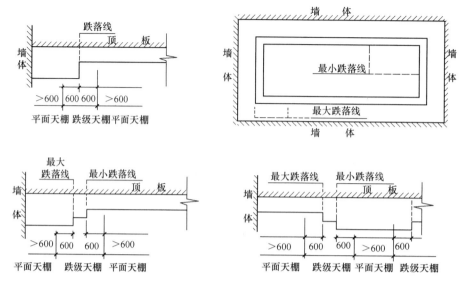

图 13-2　跌级天棚与平面天棚的划分（一）

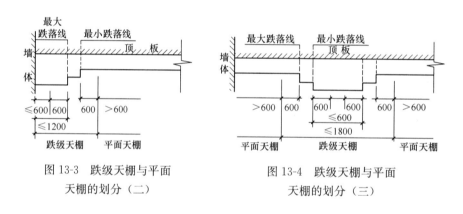

图 13-3　跌级天棚与平面
天棚的划分（二）

图 13-4　跌级天棚与平面
天棚的划分（三）

　　若房间内局部为板底抹灰天棚、局部向下跌落时，两条 0.6m 线范围内的抹灰天棚，不得计算为吊顶天棚；吊顶天棚与抹灰天棚只有一个迭级时，该吊顶天棚的龙骨则为平面天棚龙骨，该吊顶天棚的饰面按跌级天棚饰面计算，如图 13-5 所示。

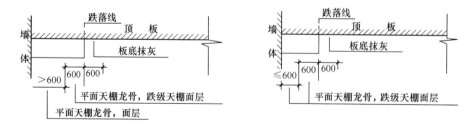

图 13-5　跌级天棚与平面天棚的划分（四）

　　2. 跌级天棚与艺术造型天棚的划分。

　　天棚面层不在同一标高时，高差≤400mm 且跌级≤三级的一般直线形平面天棚按跌级天棚相应项目执行；高差大于 400mm 或跌级大于三级以及圆弧形、拱形等造型天棚，按吊顶天棚中的艺术造型天棚相应项目执行。

七、艺术造型天棚基层、面层按平面定额项目人工乘以系数1.3，其他不变。

八、轻钢龙骨、铝合金龙骨定额按双层结构编制，如采用单层结构时，人工乘以系数0.85。

九、平面天棚和跌级天棚指一般直线形天棚，不包括灯光槽的制作安装。

艺术造型天棚定额中已包括灯光槽的制作安装。

十、圆形、弧形等不规则的软膜吊顶，人工乘以系数1.1。

十一、点支式雨篷的型钢、爪件的规格、数量是按常用做法考虑的，设计规定与定额不同时，可以按设计规定换算，其他不变。斜拉杆费用另计。

十二、天棚饰面中喷刷涂料，龙骨、基层、面层防火处理执行本定额"第十四章 油漆、涂料及裱糊工程"相应项目。

十三、天棚检查孔的工料已包含在项目内，面层材料不同时，另增加材料，其他不变。

十四、定额内除另有注明者外，均未包括压条、收边、装饰线（板），设计有要求时，执行本定额"第十五章 其他装饰工程"相应定额子目。

十五、天棚装饰面开挖灯孔，按每开10个灯孔用工1.0工日计算。

## 第二节　工程量计算规则

一、天棚抹灰工程量按以下规则计算：

1. 按设计图示尺寸以面积计算，不扣除柱、垛、间壁墙、附墙烟囱、检查口和管道所占的面积。

由于此类项目造价较低，所以工程量计算规则比较粗略。

2. 带梁天棚的梁两侧抹灰面积并入天棚抹灰工程量内计算。

3. 楼梯底面（包括侧面及连接梁、平台梁、斜梁的侧面）抹灰，按楼梯水平投影面积乘以1.37，并入相应天棚抹灰工程量内计算。

4. 有坡度及拱顶的天棚抹灰面积按展开面积计算。

5. 檐口、阳台、雨篷底的抹灰面积，并入相应的天棚抹灰工程量内计算。

二、吊顶天棚龙骨（除特殊说明外）按主墙间净空水平投影面积计算；不扣除间壁墙、检查口、附墙烟囱、柱、灯孔、垛和管道所占面积，由于上述原因所引起的工料也不增加；天棚中的折线、跌落、高低吊顶槽等面积不展开计算。

"按主墙间净空水平投影面积计算"，这里主墙是指建筑物结构设计已有的承重墙和功能性隔断墙。应区别于装饰设计的间壁墙（或功能性轻质墙）。

三、天棚饰面工程量按以下规则计算：

1. 按设计图示尺寸以面积计算，不扣除间壁墙、检查口、附墙烟囱、柱、垛和管道所占面积，但应扣除独立柱、灯带、>0.3m²的灯孔及与天棚相连的窗帘盒所占的面积。

2. 天棚中的折线、迭落等圆弧形、高低吊灯槽及其他艺术形式等天棚面层按展开面积计算。

3. 格栅吊顶、藤条造型悬挂吊顶、软膜吊顶和装饰网架吊顶按设计图示尺寸以水平投影面积计算。

4. 吊筒吊顶按最大外围水平投影尺寸，以外接矩形面积计算。

5. 送风口、回风口及成品检修口按设计图示数量计算。

【例】某装饰工程，如图 12-3～图 12-6 所示房间外墙厚度 240mm，中到中尺寸为 12000mm×18000mm，800mm×800mm 独立柱 4 根，门窗占位面积 80m²，柱垛展开面积 11m²，吊顶高度 3600mm（窗帘盒占位面积 7m²），做法：地面 20mm 厚 1：3 水泥砂浆找平、20mm 厚 1：2 干性水泥砂浆粘贴 800mm×800mm 玻化砖，木质成品踢脚线、高度 150mm，墙体混合砂浆抹灰厚度 20mm、抹灰面满刮成品腻子两遍面罩乳胶漆两遍，天棚轻钢龙骨 450mm×450mm 不上人型石膏板面刮成品腻子两遍面罩乳胶漆两遍。问题：根据以上背景资料计算该天棚工程的龙骨和面层工程量并确定相应定额。

解：（1）天棚轻钢龙骨工程量：（12－0.24）×（18－0.24）＝208.86（m²）。

套用定额子目 13-2-9（轻钢龙骨平面不上人型 450mm×450mm）。

（2）石膏板面层工程量：扣除柱占位面积 0.8×0.8×4＝2.56（m²）。

208.86－2.56－7（窗帘盒占位面积）＝199.30（m²）

套用定额子目 13-3-9（轻钢龙骨钉铺纸面石膏板基层）。

四、雨篷工程量按设计图示尺寸以水平投影面积计算。

# 第十四章　油漆、涂料及裱糊工程

## 第一节　定额说明及解释

一、本章定额包括木材面油漆，金属面油漆，抹灰面油漆、涂料，基层处理和裱糊五节。

（1）木材面油漆。

① 按油漆种类（调合漆、磁漆、醇酸清漆、聚酯漆、聚氨酯漆、硝基清漆）列项，以归纳的五个油漆部位（单层木门、单层木窗、墙面墙裙、木扶手及其他木材面）划分子目，并且对每种油漆设置了五个油漆部位的每增一遍调整子目。

② 木地板油漆单独列项，按油漆种类划分子目，结合《山东省13系列建筑标准设计图集建筑工程做法》（L13J1）。

（2）金属面油漆。

按油漆种类（调合漆、醇酸清漆、过氯乙烯漆、氟碳漆、环氧沥青漆、红丹防锈漆、银粉漆等）列项，以金属面和金属构件划分子目，并对每种油漆设置了每增一遍的调整子目。

（3）抹灰面油漆、涂料。

① 按油漆、涂料的种类列项，以涂、刷的部位划分子目。

② 抹灰面油漆、涂料中不考虑刮腻子、刷界面剂等基层处理，基层处理套用本章第四节相应子目。

③ 抹灰面油漆、涂料项目的设置取消原划分方式（顶棚、墙柱面光面、墙柱面拉毛面、墙柱面砖墙面、混凝土花格窗、栏杆、花饰、零星项目），按照天棚面、墙柱面光面、墙柱面毛面、零星项目进行设项。

（4）基层处理。

① 按基层处理部位、材料种类、施工遍数分别设置子目。

② 内墙、天棚刮腻子子目分开设置。

③ 混凝土面基层打磨子目。基层打磨是指不抹灰混凝土墙面、天棚刮腻子、刷涂料前的打磨处理。

（5）裱糊

按裱糊部位列项，以不同裱糊材料划分子目。

二、本章项目中刷油漆、涂料采用手工操作，喷涂采用机械操作，实际操作方法不同时，不做调整。

三、本定额中油漆项目已综合考虑高光、半亚光、亚光等因素；如油漆种类不同时，换算油漆种类、用量不变。

聚酯漆、聚氨酯漆、硝基清漆综合考虑高光、半亚光、亚光等因素，定额按照清漆和色漆设置。例如油漆采用聚酯亚光色漆时，套用聚酯色漆子目，换算油漆种类，油漆用量不变。

硝基清漆子目是按五遍成活考虑，每遍成活按规程要求包括两遍刷油、一遍磨退。

金属面、金属构件防火涂料是按照薄型钢结构防火涂料，涂刷厚度 5.5mm 耐火极限 1h，涂刷厚度 3mm 耐火时限 0.5h 设置；涂料密度按照 500kg/m³ 计算，防火涂料损耗按 10% 计算；当设计与定额取定的涂料密度、涂刷厚度不同时，防火涂料的消耗量可调整。

四、定额已综合考虑了在同一平面上的分色及门窗内外分色。油漆中深浅各种不同的颜色已综合在定额子目中，不另调整。如需做美术图案者另行计算。

五、本章规定的喷、涂、刷遍数与设计要求不同时，按每增一遍定额子目调整。

六、墙面、墙裙、天棚及其他饰面上的装饰线油漆与附着面的油漆种类相同时，装饰线油漆不单独计算。

墙面、墙裙、天棚及其他饰面上的装饰线油漆，与附着面的油漆种类相同、且装饰线不单独刷油漆时，装饰线与其附着面作为一个油漆整体，按其展开面积，一并计算油漆工程量，执行附着面相应油漆子目。

七、抹灰面涂料项目中均未包括刮腻子内容，刮腻子按基层处理相应子目单独套用。

八、木踢脚板油漆，若与木地板油漆相同时，并入地板工程量内计算，其工程量计算方法和系数不变。

油漆种类不同时，按踢脚线的计算规则计算工程量，套用其他木材面油漆项目。

九、墙、柱面真石漆项目不包括分格嵌缝，当设计要求做分格缝时，按本定额"第十二章墙、柱面装饰与隔断、幕墙工程"相应项目计算。

# 第二节　工程量计算规则

一、楼地面，天棚面，墙、柱面的喷（刷）涂料、油漆工程，其工程量按各自抹灰的工程量计算规则计算。涂料系数在表 14-1～表 14-9 中有规定的，按规定计算工程量并乘以表 14-1～表 14-9 中的系数。

此条说明抹灰工程量等于涂料、油漆工程量。涂料系数表中有规定的（即抹灰工程量按展开面积或投影面积计算部分），按规定计算工程量并乘系数表中的系数。

抹灰面油漆、涂料仅对不易计算的涂刷部位，设置了工程量系数表。计算工程量时，应优先采用本章工程量系数表的相应规定及其系数；工程量系数表中未规定的，按各章抹灰的工程量计算规则计算。

二、木材面、金属面、金属构件油漆工程量按油漆、涂料系数表的工程量计算方法，并乘以系数表 14-1～表 14-9 内的系数计算。

单独的装饰线油漆，执行木扶手油漆，其工程量按照油漆、涂料工程量系数表 14-1～表 14-9 中的计算规则和系数计算。

三、木材面刷油漆、涂料工程量，按所刷木材面的面积计算；木方面刷油漆、涂料工程量，按木方所附墙、板面的投影面积计算。

四、基层处理工程量，按其面层的工程量计算。

五、裱糊项目工程量，按设计图示尺寸以面积计算。

油漆、涂料工程量系数表如下：

1. 木材面油漆。

**单层木门工程量系数**　　　　　　　　　　　　表 14-1

| 项目名称 | 系数 | 工程量计算方法 |
|---|---|---|
| 单层木门 | 1.00 | 按设计图示洞口尺寸以面积计算 |
| 双层（一板一纱）木门 | 1.36 | |
| 单层全玻门 | 0.83 | |
| 木百叶门 | 1.25 | |
| 厂库木门 | 1.10 | |
| 无框装饰门、成品门 | 1.10 | 按设计图示门扇面积计算 |

**单层木窗工程量系数**　　　　　　　　　　　　表 14-2

| 项目名称 | 系数 | 工程量计算方法 |
|---|---|---|
| 单层玻璃窗 | 1.00 | 按设计图示洞口尺寸以面积计算 |
| 单层组合窗 | 0.83 | |
| 双层（一玻一纱）木窗 | 1.36 | |
| 木百叶窗 | 1.50 | |

**墙面墙裙工程量系数**　　　　　　　　　　　　表 14-3

| 项目名称 | 系数 | 工程量计算方法 |
|---|---|---|
| 无造型墙面墙裙 | 1.00 | 按设计图示尺寸以面积计算 |
| 有造型墙面墙裙 | 1.25 | |

**木扶手工程量系数**　　　　　　　　　　　　表 14-4

| 项目名称 | 系数 | 工程量计算方法 |
|---|---|---|
| 木扶手 | 1.00 | 按设计图示尺寸以长度计算 |
| 木门框 | 0.88 | |
| 明式窗帘盒 | 2.04 | |
| 封檐板、博风板 | 1.74 | |
| 挂衣板 | 0.52 | |
| 挂镜线 | 0.35 | |
| 木线条宽度 50mm 内 | 0.20 | |
| 木线条宽度 100mm 内 | 0.35 | |
| 木线条宽度 200mm 内 | 0.45 | |

**其他木材面工程量系数**　　　　　　　　　　　　表 14-5

| 项目名称 | 系数 | 工程量计算方法 |
|---|---|---|
| 装饰木夹板、胶合板及其他木材面天棚 | 1.00 | 按设计图示尺寸以面积计算 |
| 木方格吊顶天棚 | 1.20 | |
| 吸音板墙面、天棚面 | 0.87 | |
| 窗台板、门窗套、踢脚线、暗式窗帘盒 | 1.00 | |
| 暖气罩 | 1.28 | |

| 项目名称 | 系数 | 工程量计算方法 |
|---|---|---|
| 木间壁、木隔断 | 1.90 | 按设计图示尺寸以单面外围面积计算 |
| 玻璃间壁露明墙筋 | 1.65 | |
| 木栅栏、木栏杆（带扶手） | 1.82 | |
| 木屋架 | 1.79 | 跨度（长）×中高×1/2 |
| 屋面板（带檩条） | 1.11 | 按设计图示尺寸以面积计算 |
| 柜类、货架 | 1.00 | 按设计图示尺寸以油漆部分展开面积计算 |
| 零星木装饰 | 1.10 | |

其他木材面工程量系数表中的"零星木装饰"项目指油漆工程量系数表中未列项目。

**木地板工程量系数**　　　　　　　　　　　　　　　**表 14-6**

| 项目名称 | 系数 | 工程量计算方法 |
|---|---|---|
| 木地板 | 1.00 | 按设计图示尺寸以面积计算。空洞、空圈、暖气包槽、壁龛的开口部分并入相应工程量内。 |
| 木楼梯（不包括底面） | 2.30 | 按设计图示尺寸以水平投影面积计算，不扣除宽度＜300mm 的楼梯井 |

### 2. 金属面油漆。

**金属面工程量系数**　　　　　　　　　　　　　　　**表 14-7**

| 项目名称 | 系数 | 工程量计算方法 |
|---|---|---|
| 单层钢门窗 | 1.00 | 按设计图示洞口尺寸以面积计算 |
| 双层（一玻一纱）钢门窗 | 1.48 | |
| 满钢门或包铁皮门 | 1.63 | |
| 钢折叠门 | 2.30 | |
| 厂库房平开、推拉门 | 1.70 | |
| 铁丝网大门 | 0.81 | |
| 间壁 | 1.85 | 按设计图示尺寸以面积计算 |
| 平板屋面 | 0.74 | |
| 瓦垄板屋面 | 0.89 | |
| 排水、伸缩缝盖板 | 0.78 | 展开面积 |
| 吸气罩 | 1.63 | 水平投影面积 |

**金属构件工程量系数**　　　　　　　　　　　　　　　**表 14-8**

| 项目名称 | 系数 | 工程量计算方法 |
|---|---|---|
| 钢屋架、天窗架、挡风架、屋架梁、支撑、檩条 | 1.00 | 按设计图示尺寸以质量计算 |
| 墙架（空腹式） | 0.50 | |
| 墙架（格板式） | 0.82 | |
| 钢柱、吊车梁、花式梁柱、空花构件 | 0.63 | |

| 项目名称 | 系数 | 工程量计算方法 |
|---|---|---|
| 操作台、走台、制动梁、钢梁车挡 | 0.71 | 按设计图示尺寸以质量计算 |
| 钢栅栏门、栏杆、窗栅 | 1.71 | |
| 钢爬梯 | 1.18 | |
| 轻型屋架 | 1.42 | |
| 踏步式钢扶梯 | 1.05 | |
| 零星构件 | 1.32 | |

3. 抹灰面油漆、涂料。

抹灰面工程量系数　　　　　　　　　　　　　　表 14-9

| 项目名称 | 系数 | 工程量计算方法 |
|---|---|---|
| 槽形底板、混凝土折板 | 1.30 | 按设计图示尺寸以面积计算 |
| 有梁板底 | 1.10 | |
| 密肋、井字梁底板 | 1.50 | |
| 混凝土楼梯板底 | 1.37 | 水平投影面积 |

# 第十五章 其他装饰工程

## 第一节 定额说明及解释

一、本章定额包括柜类、货架，装饰线条，扶手、栏杆、栏板，暖气罩，浴厕配件，招牌、灯箱，美术字，零星木装饰，工艺门扇九节。

二、本章定额中的成品安装项目，实际使用的材料品种、规格与定额不同时，可以换算，但人工、机械的消耗量不变。

三、本章定额中除铁件已包括刷防锈漆一遍外，均不包括油漆。油漆按本定额"第十四章 油漆、涂料及裱糊工程"相关子目执行。

四、本章定额项目中均未包括收口线、封边条、线条边框的工料，使用时另行计算线条用量，套用本章"装饰线"相应子目。

五、本章定额中除有注明外，龙骨均按木龙骨考虑，如实际采用细木工板、多层板等做龙骨，均执行定额不得调整。

木龙骨（装修材）的用量、钢龙骨（角钢）的规格和用量，设计与定额不同时，可以调整，其他不变。

六、本章定额中玻璃均按成品加工玻璃考虑，并计入了安装时的损耗。

七、柜类、货架。

1. 木橱、壁橱、吊橱（柜）定额按骨架制安、骨架围板、隔板制安、橱柜贴面层、抽屉、门扇龙骨及门扇安装、玻璃柜及五金件安装分别列项，使用时分别套用相应定额。

2. 橱柜骨架中的木龙骨用量，设计与定额不同时可以换算，但人工、机械消耗量不变。

木龙骨制作按实际面积计算，主材可调，损耗率为 5%，编制时按 30mm×40mm 木方，400mm×400mm 间距考虑。

金属腿、挂衣柜内成品挂衣杆、桌面开孔项目，主要用于现场制作柜类、货架时发生的项目，桌面开孔考虑了开孔、成品接线口的安装。

"木橱、壁橱、吊橱（柜）骨架制安"定额子目，计算规则为按橱柜龙骨的实际面积计算。

抽屉主材种类不同时可以换算价格，人工、材料消耗量不变。橱柜骨架围板及隔板制安去掉宝丽板项目。橱柜基层板上贴面层去掉宝丽板饰面，增加铝塑板、不锈钢板面层子目。木橱柜五金件安装增加桌面开孔、不锈钢腿、衣柜挂衣杆、成品橱柜门安装项目。

八、装饰线条。

1. 装饰线条均按成品安装编制。

木装饰线，定额按平面线、角线、顶角线不同线型，并按线条宽度的一定步距，分别设置项目。木装饰线中的木顶角线，专用于水平面（天棚面等）与竖直面（墙面等）相交处的角线项目。

石材装饰线，定额按粘贴、挂贴、干挂不同施工方式，并按线条宽度的一定步距，分别设置项目。砂浆粘贴石材装饰线条项目，水泥砂浆按30mm厚计算。

粘贴，定额采用大理石胶粘贴；挂贴，定额采用膨胀螺栓固定，铜丝绑扎，水泥砂浆挂贴；干挂，定额采用不锈钢挂件结合大理石胶固定，使用时应分别套用相应子目。

石膏装饰线，定额按阴阳角线、平面线、灯盘、角花不同线型，并按线条规格的一定步距分别设置项目。其他装饰线，定额按不同材质（铝合金、不锈钢、塑料等）和线条的不同宽度，分别设置项目。欧式装饰线条区分檐口板、腰线板、山花浮雕、门窗头拱形雕刻分别套用，主要用于GRC（玻璃纤维增强混凝土）建筑构件的安装。

2. 装饰线条按直线安装编制，如安装圆弧形或其他图案者，按以下规定计算。

天棚面安装圆弧装饰线条，人工乘以系数1.4；墙面安装圆弧装饰线条，人工乘以系数1.2；装饰线条做艺术图案，人工乘以系数1.6。

九、栏板、栏杆、扶手为综合项。不锈钢栏杆中不锈钢管材、法兰用量，设计与定额不同时可以换算，但人工、机械消耗量不变。

栏杆按图集计算含量，现场材料用量不同时可以进行换算。成品栏杆安装项目区分直形、弧形、半玻栏板分别列项，用于这类成品栏杆的现场安装。

十、暖气罩按基层、造型层和面层分别列项，使用时分别套用相应定额。

暖气罩定额按基层（含木龙骨）、面层、散热口三部分，各部分区别不同材料种类，分别设置项目。散热口安装子目中，暖气罩散热口为成品；暖气罩如用成品木线收口封边，以及暖气罩上的其他木线，均应另套本章相应子目。

十一、卫生间配套。

1. 大理石洗漱台的台面及裙边与挡水板分别列项，台面及裙边子目中包含了成品钢支架安装用工。洗漱台面按成品考虑。

浴厕配件按不同用途分别设置项目。

2. 卫生间配件按成品安装编制。

3. 卫生间镜面玻璃子目设计与定额不同时可以换算。

定额子目15-5-16，定额按塑料镜箱编制，材质不同时可以换算。

卫生间镜面玻璃子目15-5-12～15-5-15，按带防水卷材、胶合板、装修材编制，如果现场为成品，按成品价计入，扣除不使用的材料用量。

十二、招牌、灯箱。

1. 招牌、灯箱分一般及复杂形式。一般形式是指矩形，表面平整无凹凸造型；复杂形式是指异形或表面有凹凸造型的情况。

招牌、灯箱，定额按龙骨、基层、面层三个层次，各层次区别不同材料种类，分别设置项目。

2. 招牌内的灯饰不包括在定额内。

十三、美术字安装。

定额按美术字的不同材质和规格大小，并区别不同的安装部位，分别设置项目。主材价格可以换算。

1. 美术字不分字体，定额均按成品安装编制。

2. 外文或拼音美术字个数，以中文意译的单字计算。

3. 材质适用范围：泡沫塑料有机玻璃字，适用于泡沫塑料、硬塑料、有机玻璃、镜面玻璃等材料制作的字；金属字适用于铝铜材、不锈钢、金、银等材料制作的字。

十四、零星木装饰。

本节所有子目工作内容中，已综合刷防腐油，均未考虑油漆和防火涂料，实际发生时，按相应规定计算。

1. 门窗口套、窗台板及窗帘盒是按基层、造型层和面层分别列项，使用时分别套用相应定额。

门窗套及贴脸、窗台板，定额按基层（含木龙骨）、造型层、面层三个层次，各层次区别不同材料种类，分别设置项目。本次编制未区分筒子板及贴脸，均综合在门窗套中。木龙骨按现场制作。

门窗口套及贴脸基层子目的工作内容中，未考虑基层板、造型层板的收口线、封边线，实际发生时，按相应规定计算。门窗套及贴脸的成品安装按双、单面设置两个定额子目。

窗台板基层子目中，未考虑基层板、造型层板的收口线、封边线，实际需要时，另套本节木装饰线相应子目。

石材面层窗台板为成品安装。

窗帘盒、帘轨、窗帘，定额按窗帘盒（明式、暗式）、帘轨帘杆、窗帘三部分，各部分区别不同材料种类，分别设置项目。窗帘盒子目中，未考虑窗帘盒板的收口线、封边线，实际发生时，按相应规定计算。窗帘子目，适用于成品帘安装。

工艺柱，定额按空心柱、实心柱、柱脚、柱帽，按成品安装考虑，并区别不同材料种类，分别设置项目。

2. 门窗口套安装按成品编制。

十五、工艺门扇。

软包项目用于工艺门扇中的局部软包。

1. 工艺门扇，定额按无框玻璃门扇、造型夹板门扇制作、成品门扇安装、门扇工艺镶嵌和门扇五金配件安装，分别设置项目。

2. 无框玻璃门扇，定额按开启扇、固定扇两种扇型，以及不同用途的门扇配件，分别设置项目。无框玻璃门扇安装定额中，玻璃为按成品玻璃，定额中的损耗为安装损耗。

3. 不锈钢、塑铝板包门框子目为综合子目。

包门框子目中，已综合了角钢架制安、基层板、面层板的全部施工工序。木龙骨、角钢架的规格和用量，设计与定额不同时，可以调整，人工、机械不变。

4. 造型夹板门扇制作，定额按木骨架、基层板、面层装饰板并区别材料种类，分别设置项目。局部板材用做造型层时，套用子目 15-9-13～15-9-15 基层项目相应内容，人工增加 10%。

5. 成品门扇安装，适用于成品进场门扇的安装，也适用于现场完成制作门扇的安装。定额木门扇安装子目中，每扇按 3 个合页编制，如与实际不同时，合页用量可以调整，每增减 10 个合页，增减 0.25 工日。

6. 门扇工艺镶嵌，定额按不同的镶嵌内容，分别设置项目。

门扇上镶嵌子目中，均未包括工艺镶嵌周边固定用的封边木线条，实际发生时，按相应规定计算。

7. 门扇五金配件安装，定额按不同用途的成品配件，分别设置项目。

普通执手锁安装执行子目 15-9-23。

## 第二节　工程量计算规则

一、橱柜木龙骨项目按橱柜龙骨的实际面积计算。基层板、造型层板及饰面板按实际尺寸以面积计算。抽屉按抽屉正面面板尺寸以面积计算。橱柜五金件以"个"为单位按数量计算。橱柜成品门扇安装按扇面尺寸以面积计算。

二、装饰线条应区分材质及规格，按设计图示尺寸以长度计算。

三、栏板、栏杆、扶手，按长度计算。楼梯斜长部分的栏板、栏杆、扶手，按平台梁与连接梁外沿之间的水平投影长度，乘以系数 1.15 计算。

四、暖气罩各层按设计尺寸以面积计算，与壁柜相连时，暖气罩算至壁柜隔板外侧，壁柜套用橱柜相应子目，散热口按其框外围面积单独计算。零星木装饰项目基层、造型层及面层的工程量均按设计图示展开尺寸以面积计算。

五、大理石洗漱台的台面及裙边按展开尺寸以面积计算，不扣除开孔的面积；挡水板按设计面积计算。

六、招牌、灯箱的木龙骨按正立面投影尺寸以面积计算，型钢龙骨按设计尺寸以质量计算。基层及面层按设计尺寸以面积计算。

七、美术字安装，按字的最大外围矩形面积以"个"为单位，按数量计算。

八、零星木装饰项目基层、造型层及面层的工程量均按设计图示展开尺寸以面积计算。

九、窗台板按设计图示展开尺寸以面积计算；设计未注明尺寸时，按窗宽两边共加100mm 计算长度（有贴脸的按贴脸外边线间宽度），凸出墙面的宽度按 50mm 计算。

十、百叶窗帘、网扣帘按设计成活后展开尺寸以面积计算，设计未注明尺寸时，按洞口面积计算；窗帘、遮光帘均按展开尺寸以长度计算。成品铝合金窗帘盒、窗帘轨、杆按延长米以长度计算。

十一、明式窗帘盒按设计图示尺寸以长度计算，与天棚相连的暗式窗帘盒，基层板（龙骨）、面层板按展开面积以面积计算。

十二、柱脚、柱帽以"个"为单位按数量计算，墙、柱石材面开孔以"个"为单位按数量计算。

十三、工艺门扇。

1. 玻璃门按设计图示洞口尺寸以面积计算，门窗配件按数量计算。不锈钢、塑铝板包门框按框饰面尺寸以面积计算。

2. 夹板门门扇木龙骨不分扇的形式，以扇面积计算；基层及面层按设计尺寸以面积计算。扇安装按扇以"个"为单位，按数量计算。门扇上镶嵌按镶嵌的外围尺寸以面积计算。

3. 门扇五金配件安装，以"个"为单位按数量计算。

# 第十六章　构筑物及其他工程

## 第一节　定额说明及解释

一、本章定额包括烟囱，水塔，贮水（油）池、贮仓，检查井、化粪池及其他，场区道路，构筑物综合项目六节。

综合项目是按照山东省住房和城乡建设厅发布的标准图集的标准做法编制的，使用时对应图集号直接套用，不再调整。当设计文件与标准做法不同时，套用单项定额。

场区道路垫层本章相关内容，执行地基处理章节中的机械碾压项目。

用滑升钢模浇筑的钢筋混凝土烟囱、倒锥壳水塔筒身及筒仓，是按无井架施工考虑的，使用时不再套用脚手架项目。滑升钢模板的安装、拆除等内容不包括在定额内，另套用相关章节相应项目。

本章定额中各种砖、砂浆及混凝土均按常用规格及强度等级列出，若设计与定额不同时，均可换算材料及配比，但定额中的消耗总量不变。

二、本章包括构筑物单项及综合项目定额。综合项目是按照山东省住房和城乡建设厅发布的标准图集《13系列建筑标准设计图集建筑专业》《13系列建筑标准设计图集给排水专业》《建筑给水与排水设备安装图集L03S001—002》的标准做法编制的，使用时对应标准图号直接套用，不再调整。设计文件与标准图做法不同时，套用单项定额。

本章构筑物综合项目中，钢筋混凝土化粪池按照山东省《13系列建筑标准设计图集》（排水工程L13S8）、砖砌混凝土化粪池按照《03-1系列建筑标准设计图集》（建筑排水L03S002）编制。凡设计采用标准图集的，均按定额套用，不另调整。若设计不采用标准图集，则按单项定额套用。

综合项目的工作内容包括制安模板、制作绑扎钢筋、浇捣养护混凝土、构件运输、安装、搭拆脚手架等全部工作内容。但不包括土方开挖及回填，土方内容均按第一章有关项目套用。

三、本章定额中，构筑物单项定额凡涉及土方、钢筋、混凝土、砂浆、模板、脚手架、垂直运输机械及超高增加等相关内容，实际发生时按照相应章节规定计算。

（1）本章定额内，无论单项还是综合项，均不包括土方内容，发生时均按相关章节有关规定计算。

（2）本章定额内，所有混凝土或钢筋混凝土项目，均不包括混凝土搅拌、制作内容，发生时按照混凝土用量套用相关章节项目。

（3）本章单项定额内，钢筋混凝土项目均不包括钢筋绑扎用工及材料用量，发生时按相关章节有关规定计算。本章综合项中已包括钢筋内容。

（4）本章单项定额内，均不包括脚手架及安全网的搭拆内容，脚手架及安全网均按相关章节有关规定计算。

（5）本章单项定额内，均不包括模板内容，发生时均按相关章节有关规定计算。

（6）本章单项定额内，均不包括垂直运输机械及超高内容，发生时按照相关章节有关规定计算。

四、砖烟囱筒身不分矩形、圆形，均按筒身高度执行相应子目。

圆形筒身以标准砖为准，顶砖砌筑包括砍砖，耐火砖以使用定型砖为准。

五、烟囱内衬项目也适用于烟道内衬。

六、砖水箱内外壁，按定额实砌砖墙的相应规定计算。

七、毛石混凝土，系按毛石占混凝土体积20%计算。如设计要求不同时，可以换算。

毛石混凝土项目中，毛石损耗率为2%，混凝土损耗率为1.5%。毛石占混凝土体积20%计算，如设计要求不同时，可以换算。

## 第二节　工程量计算规则

一、烟囱。

1. 烟囱基础。

基础与筒身的划分以基础大放脚为分界，大放脚以下为基础，以上为筒身，工程量按设计图纸尺寸以体积计算。

定额子目 16-1-4 混凝土基础是指钢筋混凝土基础，钢筋的绑扎用工及材料按相关章节项目套用。

2. 烟囱筒身。

（1）圆形、方形筒身均按图示筒壁平均中心线周长乘以厚度并扣除筒身>0.3m² 孔洞、钢筋混凝土圈梁、过梁等体积以体积计算，其筒壁周长不同时可按下式分段计算。

$$V = \sum H \times C \times \pi D$$

式中　$V$——筒身体积；

　　　$H$——每段筒身垂直高度；

　　　$C$——每段筒壁厚度；

　　　$D$——每段筒壁中心线的平均直径。

（2）砖烟囱筒身原浆勾缝和烟囱帽抹灰已包括在定额内，不另行计算。如设计要求加浆勾缝时，套用勾缝定额，原浆勾缝所含工料不予扣除。

（3）囱身全高≤20m，垂直运输以人力吊运为准，如使用机械者，运输时间定额乘以系数0.75，即人工消耗量减去2.4工日/10m³；囱身全高>20m，垂直运输以机械为准。

（4）烟囱的混凝土集灰斗（包括分隔墙、水平隔墙、梁、柱）、轻质混凝土填充砌块以及混凝土地面，按有关章节规定计算，套用相应定额。

（5）砖烟囱、烟道及其砖内衬，如设计要求采用楔形砖时，其数量按设计规定计算，套用相应定额项目。

（6）砖烟囱砌体内采用钢筋加固时，其钢筋用量按设计规定计算，套用相应定额。

3. 烟囱内衬及内表面涂刷隔绝层。

（1）烟囱内衬，按不同内衬材料并扣除孔洞后，以图示实体积计算。

（2）填料按烟囱筒身与内衬之间的体积以体积计算，不扣除连接横砖（防沉带）的体积。

（3）内衬伸入筒身的连接横砖已包括在内衬定额内，不另行计算。

（4）为防止酸性凝液渗入内衬及筒身间，而在内衬上抹水泥砂浆排水坡的工料已包括在定额内，不单独计算。

（5）烟囱内表面涂刷隔绝层，按筒身内壁并扣除各种孔洞后的面积以面积计算。

4. 烟道砌砖。

（1）烟道与炉体的划分以第一道闸门为界，炉体内的烟道部分列入炉体工程量计算。

（2）烟道中的混凝土构件，按相应定额项目计算。

（3）混凝土烟道以体积计算（扣除各种孔洞所占体积），套用地沟定额（架空烟道除外）。

二、水塔。

1. 砖水塔。

（1）水塔基础与塔身划分：以砖砌体的扩大部分顶面为界，以上为塔身，以下为基础。水塔基础工程量按设计尺寸以体积计算，套用烟囱基础的相应项目。

本章定额中没有设置水塔的基础项目，烟囱的基础项目也适用于水塔的基础。

（2）塔身以图示实砌体积计算，扣除门窗洞口、>0.3m² 孔洞和混凝土构件所占的体积，砖平拱璇及砖出檐等并入塔身体积内计算。

（3）砖水箱内外壁，不分壁厚，均以图示实砌体积计算，套用相应的内外砖墙定额。

（4）定额内已包括原浆勾缝，如设计要求加浆勾缝时，套用勾缝定额，原浆勾缝的工料不予扣除。

2. 混凝土水塔。

（1）混凝土水塔按设计图示尺寸以体积计算工程量，并扣除>0.3m 孔洞所占体积。

（2）筒身与槽底以槽底连接的圈梁底为界，以上为槽底，以下为筒身。

（3）筒式塔身及依附于筒身的过梁、雨篷挑檐等并入筒身体积内计算，柱式塔身、柱梁合并计算。

（4）塔顶及槽底，塔顶包括顶板和圈梁，槽底包括底板挑出的斜壁板和圈梁等合并计算。

（5）倒锥壳水塔中的水箱，定额按地面上浇筑编制。水箱的提升，另按定额有关章节的相应规定计算。

三、贮水（油）池、贮仓。

1. 贮水（油）池、贮仓、筒仓以体积计算。

2. 贮水（油）池仅适用于容积≤100m³ 的项目。容积>100m³ 的，池底按地面、池壁按墙、池盖按板相应项目计算。

3. 贮仓不分立壁、斜壁、底板、顶板均套用该项目。基础、支撑漏斗的柱和柱之间的连系梁根据构成材料的不同，按有关章节规定计算，套用相应定额。

四、检查井、化粪池及其他。

1. 砖砌井（池）壁不分厚度均以体积计算，洞口上的砖平拱璇等并入砌体体积内计算。与井壁相连接的管道及其内径≤200mm 的孔洞所占体积不予扣除。

2. 渗井系指上部浆砌、下部干砌的渗水井。干砌部分不分方形、圆形，均以体积计算。计算时不扣除渗水孔所占体积。浆砌部分套用砖砌井（池）壁定额。

3. 成品检查井、化粪池安装以"座"为单位计算。定额内考虑的是成品混凝土检查井、成品玻璃钢化粪池的安装，当主材材质不同时，可换算主材，其他不变。

检查井、化粪池定额项目 16-4-1～16-4-8，适用于不按标准图集设计的工程。使用时，不论砌筑深度，均按实砌体积套用相应定额。

4. 混凝土井（池）按实体积计算，与井壁相连接的管道及内径≤200mm 孔洞所占体积不予扣除。

5. 井盖、雨水箅的安装以"套"为单位按数量计算，混凝土井圈的制作以体积计算，排水沟铸铁盖板的安装以长度计算。

五、场区道路。

本章场区道路定额项目，适用于一般工业与民用建筑（构筑物）所在学校或住宅小区内的道路、广场。若按市政工程设计标准，则应套用市政工程定额。

场区道路中的道路垫层项目，在本章中不再单独列出，使用时按照具体设计套用地基处理章节中机械碾压相关内容。路面项目是按山东省《13 系列建筑标准设计图集》（建筑工程做法 L13J1）编制的，使用时可参考图集中的做法说明。路面定额中已包括留设伸缩缝及嵌缝内容。沥青混凝土路面，如实际工程中沥青混凝土粒径与定额不同时，可以体积换算。

1. 路面工程量按设计图示尺寸以面积计算，定额内已包括伸缩缝及嵌缝的工料，如机械割缝时执行本章相关项目，路面项目中不再进行调整。

2. 沥青混凝土路面是根据山东省标准图集《13 系列建筑标准设计图集》中所列做法按面积计算，如实际工程中沥青混凝土粒径与定额不同时，可以体积换算。

3. 道路垫层按本定额"第二章 地基处理与边坡支护工程"的机械碾压相关项目计算。

室外场地（混凝土及沥青混凝土）可参照路面工程执行，但应适当下浮。

4. 铸铁围墙工程量按设计图示尺寸以长度计算，定额内已包括与柱或墙连接的预埋铁件的工料。

六、构筑物综合项目。

1. 构筑物综合项目中的井、池，均根据山东省标准图集《13 系列建筑标准设计图集》《建筑给水与排水设备安装图集》L03S001-002 以"座"为单位计算。

2. 散水、坡道均根据山东省标准图集《13 系列建筑标准设计图集》以面积计算。

3. 台阶根据山东省标准图集《13 系列建筑标准设计图集》按投影面积以面积计算。

4. 路沿根据山东省标准图集《13 系列建筑标准设计图集》以长度计算。

5. 凡按山东省标准图集设计和施工的构筑物综合项目，均执行定额项目不得调整。

本章中散水、坡道、台阶、路沿综合项目是按照山东省《13 系列建筑标准设计图集》（室外工程 L13J9-1）编制的。凡设计采用标准图集的，均按定额套用，不另调整。若设计不采用标准图集，则按单项定额套用。

# 第十七章　脚手架工程

## 第一节　定额说明及解释

一、本章定额包括外脚手架，里脚手架，满堂脚手架，悬空脚手架、挑脚手架、防护架，依附斜道，安全网，烟囱（水塔）脚于架，电梯井字架共八节，如图 17-1 所示。

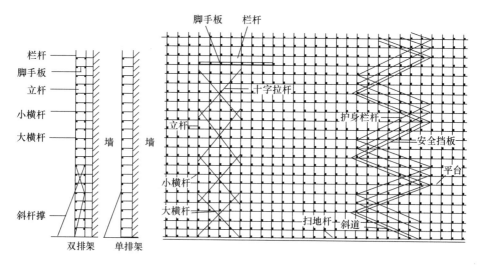

图 17-1　外脚手架及斜道示意图

（1）根据《建筑施工扣件式钢管脚手架安全技术规范》JGJ 130－2011 及当前工程普遍情况进行了调整。

（2）根据实际使用情况，一般施工超过 50m 需设置施工电梯，不再继续搭设依附斜道。

（3）电梯井脚手架子目设置高度同外脚手架子目。

（4）吊篮脚手架，分别为块料面层、玻璃幕墙电动提升式吊篮脚手架和涂刷油漆涂料电动提升式吊篮脚手架，如图 17-2 所示。

脚手架定额是按施工进度编制的，即不同时段应分别计算脚手架，例如：框架主体、围护结构主体、装饰等不同时间段。

1. 脚手架按搭设材料分为木制、钢管式，按搭设形式及作用分为落地钢管式脚手架、型钢平台挑钢管式脚手架、烟囱脚手架和电梯井脚手架等。

本节常用的子目为：不同高度的双排钢管脚手架子目和型钢平台外挑双排钢管外脚手架子目，如图 17-3、图 17-4 所示。

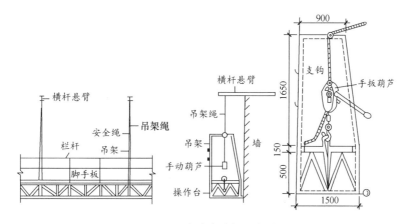

图 17-2　吊篮脚手架示意图

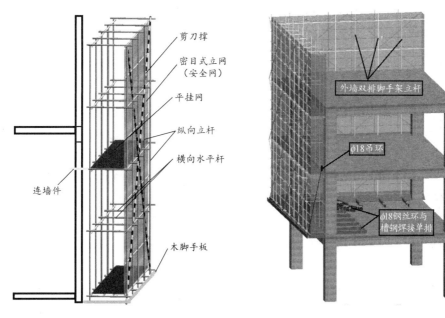

图 17-3　双排钢管脚手架示意图　　图 17-4　型钢平台外挑双排钢管外脚手架示意图

　　本章所有子目，均属于施工技术措施项目，应与其他相关施工技术措施项目一起，合并列为施工技术措施项目。在定额计价方式中，列入计算程序表的措施费部分。

　　2. 脚手架工作内容中，包括底层脚手架下的平土、挖坑，实际与定额不同时不得调整。

　　3. 脚手架作业层铺设材料按木脚手板设置，实际使用不同材质时不得调整。

　　脚手架作业层按脚手板计算，材质不同时不得调整，已综合考虑；并在材料木脚手板中综合考虑了垫木、挡脚板。

　　4. 型钢平台外挑双排钢管脚手架子目，一般适用于自然地坪、低层屋面因不满足搭设落地脚手架条件或架体搭设高度＞50m 等情况。

　　根据目前建筑工程普遍设有地下室的使用要求，本章将定额对型钢平台外挑双排钢管脚手架的适用范围进行了说明。

自然地坪不能承受外脚手架荷载，一般是指因填土太深，短期达不到承受外脚手架荷载的能力、不能搭设落地脚手架的情况。

高层建筑的低层屋面不能承受外脚手架荷载，一般是指高层建筑有深基坑（地下室），需做外防水处理；或有高低层的工程，其低层屋面板因荷载及做屋面防水处理等原因，不能在低层屋面板搭设落地外脚手架的情况。

建筑物上部层数挑出外墙或有悬挑板时应按施工组织设计确定的脚手架搭设方法，根据定额编制原则另行确定外脚手架的计算方法。

二、外脚手架。

总包施工单位承包工程范围不包括外墙装饰工程且不为外墙装饰工程提供脚手架施工，主体工程外脚手架的材料费按外脚手架乘以 0.8 计算，人工、机械不调整。外装饰工程脚手架按钢管脚手架搭设的，其材料费按外脚手架乘以 0.2 计算，人工、机械不调整。

1. 现浇混凝土圈梁、过梁、楼梯、雨篷、阳台、挑檐中的梁和挑梁，各种现浇混凝土板、楼梯，不单独计算脚手架。

各种现浇混凝土板，包括板式或有梁式的雨篷、阳台、挑檐等各种平面构件。因在计取模板费用时，定额中已考虑满堂架费用，故不单独计算脚手架。

2. 计算外脚手架的建筑物四周外围的现浇混凝土梁、框架梁、墙，不另计算脚手架。

3. 砌筑高度≤10m，执行单排脚手架子目；高度>10m，或高度虽≤10m 但外墙门窗及外墙装饰面积超过外墙表面积 60%（或外墙为现浇混凝土墙、轻质砌块墙）时，执行双排脚手架子目。

根据现行脚手架安全技术规范及山东省工程建设标准有关规定，脚手架架体超过10m，严禁使用单排脚手架。

4. 设计室内地坪至顶板下坪（或山墙高度 1/2 处）的高度>6m 时，内墙（非轻质砌块墙）砌筑脚手架，执行单排外脚手架子目；轻质砌块墙砌筑脚手架，执行双排外脚手架子目。

5. 外装饰工程的脚手架根据施工方案可执行外装饰电动提升式吊篮脚手架子目。

吊篮脚手架，分别为块料面层、玻璃幕墙电动提升式吊篮脚手架和涂刷油漆涂料电动提升式吊篮脚手架。

三、里脚手架。

1. 建筑物内墙脚手架，凡设计室内地坪至顶板下表面（或山墙高度 1/2 处）的高度在≤3.6m（非轻质砌块墙）时，执行单排里脚手架子目；3.6m＞高度≤6m 时，执行双排里脚手架子目。不能在内墙上留脚手架洞的各种轻质砌块墙等，执行双排里脚手架子目，如图 17-5 所示。

2. 石砌（带形）基础高度>1m，执行双排里脚手架子目；石砌（带形）基础高度>3m，执行双排外脚手架子目。边砌边回填时，不得计算脚手架。

砖砌大放脚式带形基础，高度超过 1m，按石砌带形基础的规定计算脚手架。砖砌墙式带形基础，按砖砌墙体的规定计算脚手架。

石砌（带形）基础套用双排里脚手架项目，主要考虑石砌墙体不能留脚手架孔的因素。

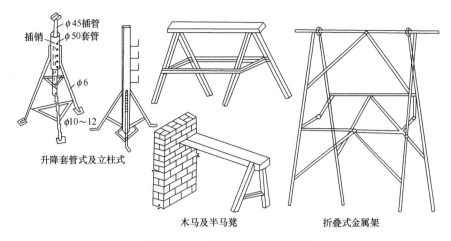

图 17-5　工具式里脚手架示意图

四、悬空脚手架、挑脚手架、防护架。

水平防护架和垂直防护架，指脚手架以外单独搭设的，用于车辆通行、人行通道、临街防护和施工与其他物体隔离等的防护。

水平防护架一般用于防止上方物体坠落，而搭设与地面平行的架子。水平防护架顶端铺设木板、钢脚手板、竹笆等以隔挡坠落物。水平防护架用于车辆通行、人行通道、临街防护和施工通道等。垂直防护架一般用于建筑物与高压线之间的隔离。

五、依附斜道。

斜道是按依附斜道编制的。独立斜道，按依附斜道子目人工、材料、机械乘以系数 1.8。

斜道并非每个工程都必须搭设。斜道一般用于无施工电梯情况下的人员上下。有"之"字斜道和直行斜道。

六、烟囱（水塔）脚手架。

1. 烟囱脚手架，综合了垂直运输架、斜道、缆风绳、地锚等内容。

烟囱脚手架以双排为准，不分方形、圆形，均执行本定额。

2. 水塔脚手架，按相应的烟囱脚手架人工乘以系数 1.11，其他不变。倒锥壳水塔脚手架，按烟囱脚手架相应子目乘以系数 1.3。

七、电梯井脚手架的搭设高度，指电梯井底板上坪至顶板下坪（不包括建筑物顶层电梯机房）之间的高度。

电梯井脚手架不分搭设材料，均执行本定额。

## 第二节　工程量计算规则

一、脚手架计取的起点高度：基础及石砌体高度＞1m，其他结构高度＞1.2m。

二、计算内、外墙脚手架时，均不扣除门窗洞口、空圈洞口等所占的面积。

计算脚手架时，应注意脚手架搭设的连续性。

三、外脚手架。

1. 建筑物外脚手架，高度自设计室外地坪算至檐口（或女儿墙顶）。同一建筑物有不同檐高时，按建筑物的不同檐高纵向分割，分别计算，并按各自的檐高执行相应子目。地下室外脚手架的高度，按其底板上坪至地下室顶板上坪之间的高度计算。

外脚手架综合了上料平台。依附斜道、安全网和建筑物的垂直封闭等，应依据相应规定另行计算。

外脚手架的高度，在工程量计算和执行定额时，均自设计室外地坪算至檐口顶。

先主体、后回填、自然地坪低于设计室外地坪时，外脚手架的高度自自然地坪算起。

设计室外地坪标高不同时，有错坪的，按不同标高分别计算；有坡度的，按平均标高计算。

外墙有女儿墙的，算至女儿墙压顶上坪；无女儿墙的，算至檐板上坪或檐沟翻檐的上坪。

坡屋面的山尖部分，其工程量按山尖部分的平均高度计算，但应按山尖顶坪执行定额。

突出屋面的电梯间、水箱间等，执行定额时不计入建筑物的总高度。

地下室剪力墙脚手架实际未搭设，仍按计算规则计算双排脚手架。

2. 按外墙外边线长度乘以高度以面积计算。凸出墙面宽度大于 240mm 的墙垛、外挑阳台（板）等，按图示尺寸展开并入外墙长度内计算。

【例】如图 17-6 所示，某工程裙房 8 层（女儿墙高 2m）、塔楼 25 层（女儿墙高 2m），塔楼顶水箱间（普通黏土砖砌筑）一层。计算其外脚手架的工程量及适用定额子目。

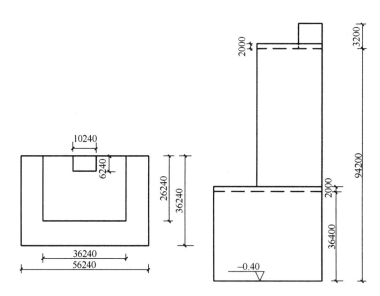

图 17-6　某工程裙房示意图

解：塔楼外脚手架面积计算如下。

剖面右侧：$36.24 \times (94.20 + 2.00) = 3486.29 (m^2)$

其余三面：$(36.24 + 26.24 \times 2) \times (94.20 - 36.40 + 2.00) = 5305.46 (m^2)$

水箱间剖面右侧：$10.24 \times (3.20 - 2.00) = 12.29 (m^2)$

合计：$3486.29 + 5305.46 + 12.29 = 8804.04 (m^2)$

突出屋面的水箱间，执行定额时，不计入建筑物的总高度。

塔楼外脚手架高度：$94.20+2.00=96.20(m)$

适用定额子目：型钢平台外挑双排钢管脚手架 100m 内。

裙房外脚手架面积计算如下。

$[(36.24+56.24)\times2-36.24]\times(36.40+2.00)=5710.85(m^2)$

裙房外脚手架高度：$36.40+2.00=38.40(m)$

适用定额子目：双排外钢脚手架 50m 内。

高出屋面的水箱间，其脚手架按自身高度计算。

水箱间外脚手架面积：$(10.24+6.24\times2)\times3.2=72.70(m^2)$

适用定额子目：单排外钢管脚手架 6m 内。

3. 现浇混凝土独立基础，按柱脚手架规则计算（外围周长按最大底面周长），执行单排外脚手架子目。

按柱脚手架规则计算（外围周长按最大底面周长），但不需考虑周长另加 3.6m。

4. 混凝土带形基础、带形桩承台、满堂基础，按混凝土墙的规定计算脚手架，其中满堂基础脚手架长度按外形周长计算。

注意基础脚手架计取的起点高度。

5. 独立柱（现浇混凝土框架柱）按柱图示结构外围周长另加 3.6m，乘以设计柱高以面积计算，执行单排外脚手架项目。

独立柱主体工程脚手架工程量（$m^2$）＝（柱结构外围周长＋3.6）×设计柱高

式中，首层柱设计柱高＝首层层高＋基础上表面至设计室内地坪高度；楼层柱设计柱高＝楼层层高。

设计柱高指柱自基础上表面或楼板上表面，至上一层楼板上表面或屋面板上表面的高度。基础与柱或墙体的分界线详见本定额相关章节规定。

独立柱与坡屋面的斜板相交时，设计柱高按柱顶的高点计算。

独立柱主体工程脚手架，按以上设计柱高，分别执行相应高度的脚手架定额子目。

先主体、后回填、自然地坪低于设计室外地坪时，首层（室内）脚手架的高度，自自然地坪算起。

6. 各种现浇混凝土独立柱、框架柱、砖柱、石柱等，均需单独计算脚手架。现浇混凝土构造柱，不单独计算脚手架。

混凝土框架柱、砖柱、石柱等，均指不与同种材料的墙体同时施工的独立柱。与同种材料的墙体相连接且同时施工的柱，按墙垛的相应规定计算脚手架。

7. 现浇混凝土梁、墙，按设计室外地坪或楼板上表面至楼板底之间的高度，乘以梁、墙净长以面积计算，执行双排外脚手架子目。与混凝土墙同一轴线且同时浇筑的墙上梁不单独计取脚手架。

（1）梁脚手架高度：先主体、后回填、自然地坪低于设计室外地坪时，首层（室内）脚手架的高度，自自然地坪算起。设计室外地坪标高不同时，首层（室内）梁脚手架的高度，有错坪的，按不同标高分别计算；有坡度的，按平均标高计算。坡屋面的山尖部分，（室内）梁脚手架的高度，按山尖部分的平均高度计算。现浇混凝土（室内）梁主体工程脚手架，按以上梁脚手架高度，分别执行相应高度的脚手架定额子目。坡屋面的山尖部分，（室内）梁脚手架的高度，按山尖顶坪执行定额。

（2）现浇混凝土墙主体工程脚手架：内墙脚手架高度，不扣除局部突出墙面的梁、框架梁等所占的高度。先主体、后回填、自然地坪低于设计室外地坪时，首层内墙脚手架的高度，自自然地坪算起。设计室内地坪标高不同时，首层内墙脚手架的高度，有错坪的，按不同标高分别计算；有坡度的，按平均标高计算。坡屋面山尖部分内墙脚手架按山尖的平均高度计算，按山尖顶坪执行定额。

8. 轻型框剪墙按墙规定计算，不扣除墙之间洞口所占面积，洞口上方梁不另计算脚手架。

9. 现浇混凝土（室内）梁（单梁、连续梁、框架梁），按设计室外地坪或楼板上表面至楼板底之间的高度乘以梁净长，以面积计算，执行双排外脚手架子目。有梁板中的板下梁不计取脚手架。

四、里脚手架。

1. 里脚手架按墙面垂直投影面积计算。

【例】如图 17-7 所示，某住宅层高 2.90m，普通黏土砖墙厚 240mm，现浇筑混凝土楼板、阳台，板厚均为 120mm。图中尺寸线为砖墙墙体中心线。计算二层实线所示内墙砌筑脚手架的工程量及适用定额子目。

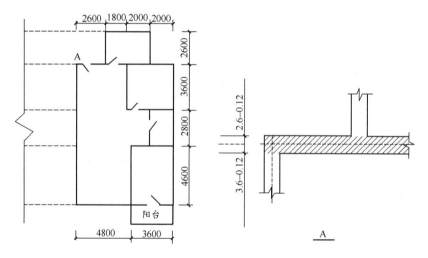

图 17-7　内墙砌筑脚手架示意图

解：墙体脚手架面积＝[(4.60＋2.80＋3.60－0.24)＋(4.6＋2.80＋3.6＋2.60－0.24
　　　　　×2)＋(2.6＋1.8＋2.0)＋(2.00＋2.00－0.24)＋(3.6－0.24)×
　　　　　2]×(2.90－0.12)
　　　＝113.31(m²)

适用定额子目：17-2-5 单排里钢管脚手架 3.6m 内阳台内侧（与房间之间）的外墙，应按里脚手架计算。

2. 内墙面装饰，按装饰面执行里脚手架计算规则计算装饰工程脚手架。内墙面装饰高度≤3.6m 时，按相应脚手架子目乘以系数 0.3 计算；高度大于 3.6m 的内墙装饰，按双排里脚手架乘以系数 0.3。按规定计算满堂脚手架后，室内墙面装饰工程，不再计算内墙装饰脚手架。

内墙装饰工程脚手架：

（1）内墙装饰脚手架高度，自室内地面或楼面起，有吊顶天棚的，计算至天棚底面另加 100mm；无吊顶天棚的，计算至天棚底面。

（2）外墙内面抹灰，外墙内面应计算内墙装饰工程脚手架；内墙双面抹灰，内墙两面均应计算内墙装饰工程脚手架。

装配式轻质墙板的墙面装饰，应按以上规定计算内墙装饰工程脚手架。

（3）内墙装饰工程，符合下列条件之一时，不计算内墙装饰工程脚手架：

① 内墙装饰工程，能够利用内墙砌筑脚手架时，不计算内墙装饰工程脚手架。

② 按规定计算满堂脚手架后，室内墙面装饰工程，不再计算内墙装饰脚手架。

3.（砖砌）围墙脚手架，按室外自然地坪至围墙顶面的砌筑高度乘以长度，以面积计算。围墙脚手架，执行单排里脚手架相应子目。石砌围墙或厚大于 2 砖的砖围墙，增加一面双排里脚手架。

五、满堂脚手架。

1. 按室内净面积计算，不扣除柱、垛所占面积。

2. 结构净高大于 3.6m 时，可计算满堂脚手架。

结构净高≤3.6m 时，不计算满堂脚手架。但经建设单位批准的施工组织设计明确需搭设满堂脚手架的可计算满堂脚手架。

3. 当 3.6m 小于结构净高≤5.2m 时，计算基本层；结构净高≤3.6m 时，不计算满堂脚手架。

4. 结构净高大于 5.2m 时，每增加 1.2m 按增加一层计算，不足 0.6m 的不计。

六、悬空脚手架、挑脚手架、防护架。

1. 悬空脚手架，按搭设水平投影面积计算。

2. 挑脚手架，按搭设长度和层数以长度计算。

3. 水平防护架，按实际铺板的水平投影面积计算。垂直防护架，按自然地坪至最上一层横杆之间的搭设高度乘以实际搭设长度，以面积计算。

（1）使用移动的悬空脚手架、挑脚手架，其工程量按使用过的部位尺寸计算。

（2）水平防护架和垂直防护架，是否搭设和搭设的部位、面积，应根据工程实际情况，按施工组织设计确定。

七、依附斜道，按不同搭设高度以"座"计算。

斜道的数量根据施工组织设计确定。

八、安全网。

1. 平挂式安全网（脚手架外侧与建筑物外墙之间的安全网），按水平挂设的投影面积计算，执行立挂式安全网子目。

平挂式安全网，水平设置于外脚手架的每一操作层（脚手板）下，网宽按 1.5m 计算。

根据山东省工程建设标准《建筑施工现场管理标准》规定，距地面（设计室外地坪）3.2m 处设首层安全网，操作层下设随层安全网（按具体规定计算）。

2. 立挂式安全网，按架网部分的实际长度乘以实际高度，以面积计算。

立挂式安全网，沿脚手架外立杆内面垂直设置，且与平挂式安全网同时设置，网高按1.2m计算。

3. 挑出式安全网，按挑出的水平投影面积计算。

挑出式安全网，沿脚手架外立杆外挑，近立杆边沿较外边沿略低，斜网展开宽度按2.2m计算。安全网的形式和数量，根据施工组织设计确定。

4. 建筑物垂直封闭工程量，按封闭墙面的垂直投影面积计算。建筑物垂直封闭采用交替倒用时，工程量按倒用封闭过的垂直投影面积计算，执行定额子目时，封闭材料竹席、竹笆、密目网分别乘以系数0.5、0.33、0.33。

垂直封闭，搭设在外脚手架的外立杆内面，呈闭合状态，是安全施工的必需措施，也是市容建设的实际需要。

建筑物垂直封闭，根据施工组织设计确定。高出屋面的电梯间、水箱间，不计算垂直封闭。

九、烟囱（水塔）脚手架，按不同搭设高度以"座"计算。

滑升钢模浇筑的钢筋混凝土烟囱、倒锥壳水塔支筒及筒仓，定额按无井架施工编制，定额内综合了操作平台。使用时不再计算脚手架与竖井架。

十、电梯井字架，按不同搭设高度以"座"计算。

计算了电梯井字架的电梯井孔，其外侧的混凝土电梯井壁，不另计算脚手架。设备管道井，不适用电梯井字架子目。

十一、其他。

1. 设备基础脚手架，按其外形周长乘以地坪至外形顶面边线之间的高度，以面积计算，执行双排里脚手架子目。

2. 砌筑贮仓脚手架，不分单筒或贮仓组，均按单筒外边线周长，乘以设计室外地坪至贮仓上口之间高度，以面积计算，执行双排外脚手架子目。

3. 贮水（油）池脚手架，按外壁周长乘以室外地坪至池壁顶面之间的高度，以面积计算。贮水（油）池凡距地坪高度大于1.2m时，执行双排外脚手架子目。

4. 大型现浇混凝土贮水（油）池、框架式设备基础的混凝土壁、柱、顶板梁等混凝土浇筑脚手架，按现浇混凝土墙、柱、梁的相应规定计算。

混凝土壁、顶板梁的高度，按池底上坪至池顶板下坪之间高度计算；混凝土柱的高度，按池底上坪至池顶板上坪高度计算。

# 第十八章 模 板 工 程

## 第一节 定额说明及解释

一、本章定额包括现浇混凝土模板、现场预制混凝土模板、构筑物混凝土模板三节。定额按不同构件，分别以组合钢模板钢支撑、木支撑，复合木模板钢支撑、木支撑，木模板、木支撑编制。

本章模板工程是按一般工业与民用建筑的混凝土模板考虑的。若遇特殊工程或特殊结构时，如体育场、体育馆的大跨度钢筋混凝土拱梁、观众看台，外挑看台，影（歌）剧院的楼层观众席等，可按审定的施工组织设计模板和支撑方案另行计算。

（1）材料方木、方撑木、模板材在本定额中统一合并为锯成材，单位为 $m^3$，其中方木为胶合（竹胶）板模板制作项目所含的材料。

（2）定额复合木模板材料消耗量有关内容说明：

① 施工损耗率和补损率综合考虑为 5%。

② 模板一次使用量，是按定额编制所选定的钢筋混凝土构件设计图纸，计算出应配备的模板所需使用的各种材料用量，并折算成模板与混凝土接触面每 $10m^2$ 所需用的模板材料数量。

③ 复合木模板周转次数，基础部位按 1 次考虑，其他部位按 4 次考虑。

④ 实际周转次数与定额不同时，换算方法为：复合木模板消耗量＝模板一次使用量×（1＋5%）×模板制作损耗系数÷周转次数。

（3）其他材料

尼龙帽：对拉螺栓端头保护丝口用，按每个螺栓设两个。

塑料套管：设入模板中穿对拉螺栓用，按每个螺栓一套计。

草板纸：模板间夹缝中用 80 号纸，每平方米模板用 0.3 张。

隔离剂：按每千克刷 $10m^2$ 计算。

钢筋垫块：钢筋保护层用，需用的构件每平方米按 3 块计算，垫块用 1∶2 水泥砂浆配制，每块设 22 号镀锌低碳钢丝一根。

8 号镀锌低碳钢丝：按实际使用量一次耗用计算。

（4）机械台班消耗量取定。

①本定额复合木模板项目机械中木工圆锯机台班消耗量包括模板制作所需的台班消耗量。

②本定额复合木模板项目机械中木工压刨机为模板制作所需增加的机械。

二、现浇混凝土模板。

1. 现浇混凝土杯型基础的模板，执行现浇混凝土独立基础模板子目，定额人工系数乘以 1.13 其他不变。

设备基础模板项目，将各步距子目合并，不再单独列项。

现浇混凝土有梁式满堂基础模板项目是按上翻梁计算编制的。若是下翻梁形式的满堂基础，应执行无梁式满堂基础模板项目。由于下翻梁的模板无法拆除，且简易支模方式很多，施工单位按施工组织设计确定的方式另行计算梁模板费用。

2. 现浇混凝土直形墙、电梯井壁等项目，如设计要求防水等特殊处理时，套用本章有关子目后，增套本定额"第五章　钢筋及混凝土工程"对拉螺栓增加子目，如图 18-1 所示。

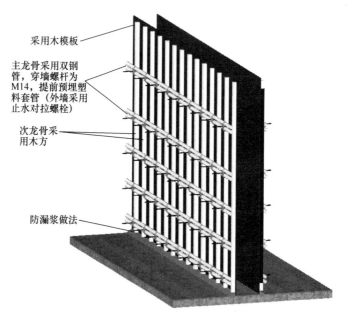

图 18-1　现浇混凝土直形墙模板示意图

现浇混凝土直形墙、电梯井壁等项目，按普通混凝土考虑的，需增套对拉螺栓堵眼增加子目；若设计要求防水等特殊处理时，套用本章有关子目后，增套"第五章　钢筋及混凝土工程"对拉螺栓增加子目，以及对拉螺栓端头处理增加子目。

3. 现浇混凝土板的倾斜度大于 15°时，其模板子目定额人工乘以系数 1.3。

4. 现浇混凝土柱、梁、墙、板是按支模高度（地面支撑点至模底或支模项）3.6m 编制的，支模高度超过 3.6m 时，另行计算模板支撑超高部分的工程量。

轻型框剪墙的模板支撑超高，执行墙支撑超高子目。

5. 对拉螺栓与钢、木支撑结合的现浇混凝土模板子目，定额按不同构件、不同模板材料和不同支撑工艺综合考虑，实际使用钢、木支撑的多少，与定额不同时，不得调整。

因定额已综合考虑，故与定额不同时，不得调整，例如楼梯（18-1-110～18-1-111）定额考虑模板材，与实际采用的方式不同，如图 18-2 所示。

三、现场预制混凝土模板。

现场预制混凝土模板子目使用时，人工、材料、机械消耗量分别乘以 1.012 构件操作损耗系数。

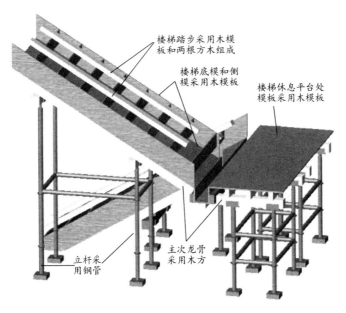

图 18-2　楼梯模板示意图

四、构筑物混凝土模板。

1. 采用钢滑升模板施工的烟囱、水塔支筒及筒仓是按无井架施工编制的，定额内综合了操作平台，使用时不再计算脚手架及竖井架。

2. 用钢滑升模板施工的烟囱、水塔，提升模板使用的钢爬杆用量是按一次摊销编制的，贮仓是按两次摊销编制的，设计要求不同时，允许换算。

3. 倒锥壳水塔塔身钢滑升模板项目，也适用于一般水塔塔身滑升模板工程。

4. 烟囱钢滑升模板项目均已包括烟囱筒身、牛腿、烟道口，水塔钢滑升模板均已包括直筒、门窗洞口等模板用量。

五、实际工程中复合木模板周转次数与定额不同时，可按实际周转次数，根据以下公式分别对子目材料中的复合木模板、锯成材消耗量进行计算调整。

1. 复合木模板消耗量＝模板一次使用量×（1＋5％）×模板制作损耗系数÷周转次数

2. 锯成材消耗量＝定额锯成材消耗量－$N_1$＋$N_2$

式中　$N_1$＝模板一次使用量×（1＋5％）×方木消耗系数÷定额模板周转次数；

$N_2$＝模板一次使用量×（1＋5％）×方木消耗系数÷实际周转次数。

3. 上述公式中复合木模板制作损耗系数、方木消耗系数见表 18-1。

复合木模板制作损耗系数、方木消耗系数　　　　　　　表 18-1

| 构件部位 | 基础 | 柱 | 构造柱 | 梁 | 墙 | 板 |
|---|---|---|---|---|---|---|
| 模板制作损耗系数 | 1.1392 | 1.1047 | 1.2807 | 1.1688 | 1.0667 | 1.0787 |
| 方木消耗系数 | 0.0209 | 0.0231 | 0.0249 | 0.0247 | 0.0208 | 0.0172 |

本章定额子目中的"复合木模板"的定义，为胶合（竹胶）板等复合板材与方木龙骨等现场制作而成的复合模板，其消耗量是以胶合（竹胶）板为模板材料测算的，取定时综

合考虑了胶合（竹胶）板的模板制作、安装、拆除等工作内容所包含的人工、材料、机械含量。

定额中复合木模板的含量（复合木模板周转次数，基础部位按 1 次考虑，其他部位按 4 次考虑）如下。

复合木模板消耗量＝模板一次使用量×（1＋5％）×模板制作损耗系数÷周转次数

（1）基础复合木模板＝10×（1＋5％）×1.1392÷1（按 1 次考虑）＝11.9616。

（2）柱复合木模板＝10×（1＋5％）×1.1047÷4（按 4 次考虑）＝2.8998。

（3）构造柱复合木模板＝10×（1＋5％）×1.2807÷4（按 4 次考虑）＝3.3618。

（4）梁复合木模板＝10×（1＋5％）×1.1688÷4（按 4 次考虑）＝3.0681。

（5）墙复合木模板＝10×（1＋5％）×1.0667÷4（按 4 次考虑）＝2.8001。

（6）轻型框架墙复合木模板含量同墙复合木模板含量。

（7）板复合木模板＝10×（1＋5％）×1.0787÷4（按 4 次考虑）＝2.8316。

【例】以定额子目 18-1-88 为例，实际周转次数为 2 次时，对子目材料中的复合木模板、锯成材消耗量进行计算调整方法如下。

复合木模板消耗量＝模板一次使用量×（1＋5％）×模板制作损耗系数÷周转次数
＝10×（1＋5％）×1.0667÷2（2 周转次数）
＝5.6002（m²）

$N_1$＝模板一次使用量×（1＋5％）×方木消耗系数÷定额模板周转次数
＝10×（1＋5％）×0.0208÷4（定额周转次数）＝0.0546（m³）

$N_2$＝模板一次使用量×（1＋5％）×方木消耗系数÷实际周转次数
＝10×（1＋5％）×0.0208÷2（2 周转次数）＝0.1092（m³）

锯成材消耗量＝定额锯成材消耗量－$N_1$＋$N_2$
＝0.0546－0.0546＋0.1092＝0.1092（m³）

即复合木模板消耗量含量为 5.6002m²，锯成材消耗量含量为 0.1092m³。

## 第二节　工程量计算规则

一、现浇混凝土模板工程量，除另有规定外，按模板与混凝土的接触面积（扣除后浇带所占面积）计算。

1. 基础按混凝土与模板接触面的面积计算。

（1）在基础与基础相交时重叠的模板面积不扣除；直形基础端头的模板，也不增加。条形基节点复杂，为简化计算，已综合考虑。

（2）杯形基础模板面积按独立基础模板计算，杯口内的模板面积并入相应基础模板工程量内。

（3）现浇混凝土带形桩承台的模板，执行现浇混凝土带形基础（有梁式）模板子目。

2. 现浇混凝土柱模板，按柱四周展开宽度乘以柱高，以面积计算。

混凝土独立柱模板，按照柱高乘结构周长计算。

（1）柱、梁相交时，不扣除梁头所占柱模板面积。

（2）柱、板相交时，不扣除板厚所占柱模板面积。

3. 构造柱模板，按混凝土外露宽度乘以柱高以面积计算；构造柱与砌体交错咬茬连接时，按混凝土外露面的最大宽度计算。构造柱与墙的接触面不计算模板面积。

4. 现浇混凝土梁模板，按混凝土与模板的接触面积计算。

**按梁长计算，端头处的模板不计算。**

（1）矩形梁，支座处的模板不扣除，端头处的模板不增加。

（2）梁、梁相交时，不扣除次梁梁头所占主梁模板面积。

（3）梁、板连接时，梁侧壁模板算至板下坪。

**按梁的净高计算。**

（4）过梁与圈梁连接时，其过梁长度按洞口两端共加 50cm 计算。

5. 现浇混凝土墙的模板，按混凝土与模板接触面积计算。

（1）现浇钢筋混凝土墙、板上单孔面积≤0.3m² 的孔洞，不予扣除，洞侧壁模板亦不增加；单孔面积大于 0.3m² 时，应予扣除，洞侧壁模板面积并入墙、板模板工程量内计算。

（2）墙、柱连接时，柱侧壁按展开宽度，并入墙模板面积内计算。

（3）墙、梁相交时，不扣除梁头所占墙模板面积。

6. 现浇钢筋混凝主框架结构分别按柱、梁、墙、板有关规定计算。轻型框剪墙子目已综合轻体框架中的梁、墙、柱内容，但不包括电梯井壁、矩形梁、挑梁，其工程量按混凝土与模板接触面积计算，如图 18-3 所示。

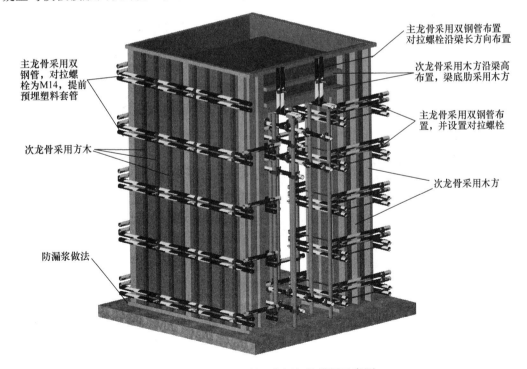

图 18-3　现浇混凝土主框架的模板示意图

7. 现浇混凝土板的模板，按混凝土与模板的接触面积计算，如图 18-4 所示。

（1）伸入梁、墙内的板头，不计算模板面积。

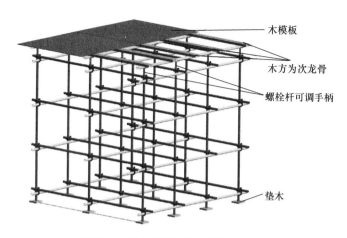

图 18-4　现浇混凝土板的模板示意图

（2）周边带翻檐的板（如卫生间混凝土防水带等），底板的板厚部分不计算模板面积，翻檐两侧的模板，按翻檐净高度并入板的模板工程量内计算。

板边梁模板算至板底，因定额已综合考虑。

（3）柱、墙相接时，柱与墙接触面的面积，应予扣除。

（4）现浇混凝土有梁的板下梁的模板支撑高度，自地（楼）面支撑点计算至板底，执行板的支撑高度超高子目。

（5）柱帽模板面积按无梁板模板计算，其工程量并入无梁板模板工程量中，模板支撑超高按板支撑超高计算。

8. 伸入墙内的梁头、板头部分，均不计算模板面积。

9. 后浇带按模板与后浇带的接触面积计算。

按设计混凝土后浇带的宽度乘长度计算。基础筏板后浇带模板定额是按钢板网考虑，不另计算模板。

10. 现浇混凝土斜板、折板模板，按平板模板计算；预制板板缝大于 40mm 时的模板，按平板后浇带模板计算。

11. 现浇钢筋混凝土雨篷、悬挑板、阳台板按图示外挑部分尺寸的水平投影面积计算。挑出墙外的牛腿梁及板边模板不另计算。现浇混凝土悬挑板的翻檐，其模板工程量按翻檐净高计算，执行"天沟、挑檐"子目；若翻檐高度大于 300mm 时，执行"栏板"子目。现浇混凝土天沟、挑檐按模板与混凝土接触面积计算。

现浇混凝土阳台、雨篷、栏板、挑檐等其他构件，凡其模板子目按木模板、木支撑编制的，如实际使用复合木模板，仍执行定额相应模板子目，不另调整。

12. 现浇混凝土柱、梁、墙、板的模板支撑高度按如下计算。

柱、墙：地（楼）面支撑点至构件顶坪。

梁：地（楼）面支撑点至梁底。

板：地（楼）面支撑点至板底坪。

（1）现浇混凝土柱、梁、墙、板的模板支撑高度大于 3.6m 时，另行计算模板超高部分的工程量。

（2）梁、板（水平构件）模板支撑超高的工程量计算如下式。

超高次数＝（支模高度－3.6）/1（遇小数进为1，不足1按1计算）

超高工程量（m²）＝超高构件的全部模板面积×超高次数

（3）柱、墙（竖直构件）模板支撑超高的工程量计算如下式。

超高次数分段计算：自高度大于3.60m，第一个1m为超高1次，第二个1m为超高2次。依次类推：不足1m，按1m计算。

超高工程量（m²）＝∑（相应模板面积×超高次数）

【例】某工程一层大厅层高4.9m，二层现浇混凝土楼面板厚12cm，楼面板使用的组合钢模板面积为220m²，采用钢支撑；一层现浇混凝土矩形柱水平截面尺寸为0.6m×0.6m，柱高为4.9m，使用的复合木模板钢支撑。计算一层柱及二层楼面板的模板支撑超高工程量。

柱超高总工程量：4.9－3.6＝1.3（m）

第一个1m的超高模板面积＝0.6×4×1＝2.4（m²）

第二个1m的超高模板面积＝0.6×4×0.3＝0.72（m²）

一层柱的模板支撑超高工程量＝2.4×1＋0.72×2＝3.84（m²）

套用定额18－1－48。

板超高总工程量：4.9－0.12－3.6＝1.18（m）

1.18÷1＝1.18，超高次数不足1的部分按1计算，共取2次。

二层楼面板的模板支撑超高工程量＝220×2＝440（m²）

套用定额18-1-104。

（4）构造柱、圈梁、大钢模板墙，不计算模板支撑超高。

构造柱、圈梁、大钢模板墙模板施工主要采用对拉或夹板模板施工。

（5）墙、板后浇带的模板支撑超高，并入墙、板支撑超高工程量内计算。

13. 现浇钢筋混凝土楼梯按水平投影面积计算，不扣除宽度≤500mm楼梯井所占面积。楼梯的踏步、踏步板、平台梁等侧面模板，不另计算，伸入墙内部分亦不增加。

现浇混凝土楼梯等其他构件，凡其模板子目按木模板、木支撑编制的，如实际使用复合木模板，仍执行定额相应模板子目，不另调整。

14. 混凝土台阶（不包括梯带），按图示台阶尺寸的水平投影面积计算，台阶端头两侧不另计算模板面积。

15. 小型构件是指单件体积≤0.1m³的未列项目的构件。

现浇混凝土小型池槽按构件外围体积计算，不扣除池槽中间的空心部分。池槽内、外侧及底部的模板不另计算。

16. 塑料模壳工程量，按板的轴线内包投影面积计算。

17. 地下暗室模板拆除增加，按地下暗室内的现浇混凝土构件的模板面积计算。地下室设有室外地坪以上的洞口（不含地下室外墙出入口）、地上窗的，不再套用本子目。

地下暗室模板拆除子目，系指没有自然采光、正常通风的地下暗室内的现浇混凝土构件，其模板拆除时，照明设施的安装、维护、拆除，以及人工降效等所需要增加的人工消耗量。

18. 对拉螺栓端头处理增加，按设计要求防水等特殊处理的现浇混凝土直形墙、电梯井壁（含不防水面）模板面积计算。

对拉螺栓端头处理增加子目，系指现浇混凝土直形墙、电梯井壁等，设计要求防水等特殊处理时，与混凝土一起整浇的普通对拉螺栓（或对拉钢片）端头处理所需要增加的人工、材料、机械消耗量。

19. 对拉螺栓堵眼增加，按相应构件混凝土模板面积计算。

穿墙螺栓孔宜采用聚氨酯发泡剂和防水膨胀干硬性水泥砂浆填塞密实，封堵后孔洞外侧表面应进行防水处理。

对拉螺栓堵眼增加子目，系指现浇混凝土直形墙、电梯井壁等为普通混凝土时，拆除模板后封堵对拉螺栓套管孔道所需要增加的人工、材料消耗量。

二、现场预制混凝土构件模板工程量。

1. 现场预制混凝土模板工程量除注明者外均按混凝土实体体积计算。

其工程量可直接使用按"第五章 钢筋及混凝土工程"的规定计算出的预制构件体积，套用相关定额项目。套用现场预制混凝土模板子目时，人工、材料、机械消耗量应分别乘以 1.012 构件操作损耗系数。施工单位报价时，可根据构件、现场等具体情况，自行确定操作损耗率；编制标底（控制价）时，执行以上系数。

2. 预制桩按桩体积（不扣除桩尖虚体积部分）计算。

三、构筑物混凝土模板工程量。

1. 构筑物工程的水塔，贮水（油）、化粪池，贮仓的模板工程量按混凝土与模板的接触面积计算。

构筑物的混凝土模板工程量，定额单位为 $m^3$ 的，可直接使用按"第十六章 构筑物及其他工程"的规定计算出的构件体积；定额单位为 $m^2$ 的，按混凝土与模板的接触面积计算。定额未列项目，按建筑物相应构件模板子目计算。

2. 液压滑升钢模板施工的烟囱、倒锥壳水塔支筒、水箱、筒仓等均以混凝土体积计算。

3. 倒锥壳水塔的水箱提升根据不同容积，按数量以"座"计算。

# 第十九章 施工运输工程

## 第一节 定额说明及解释

一、本章定额包括垂直运输、水平运输、大型机械进出场三节。

二、垂直运输。

本节垂直运输子目依据《建筑安装工程工期定额》TY 01-89-2016。

(1) 机械配置。

民用建筑，檐高＞20m，地上层：塔吊：施工电梯＝1:1。

非民用建筑、构筑物：塔吊：卷扬机＝1:1。

(2) 施工工期。

$$塔吊工期＝主体结构工期＝基础以上总工期×60\%$$
$$电梯（卷扬机）工期＝基础以上总工期$$

(3) 计算方法。

$$塔吊台班＝\sum（基础以上总工期×60\%×10×权重）$$
$$电梯或卷扬机台班＝\sum（基础以上总工期×建筑面积×10×权重）$$
对讲机（檐高＞20m）台班＝20m以上塔吊台班×2

(4) 按《建筑安装工程工期定额》TY 01-89-2016不同功能、不同结构形式、不同檐高（层数）、不同建筑面积的建筑物，分别编制施工工期。

为使定额简明实用，本节编制时以现浇混凝土结构为主，根据目前建筑工程中各类功能所占比重，对住宅、办公楼、教学楼、实验楼、学校图书馆、门诊楼、病房楼、检验化验楼科研楼、旅馆、商场等一般公共建筑，按不同檐高确定权数、并加权综合，分别编制了檐高≤20m、檐高＞20m的垂直运输子目。

对特殊公共建筑，如影剧院，影视制作播放建筑，城市级图书馆、博物馆、展览馆、纪念馆，汽车、火车、飞机、轮船的站房建筑，体育训练、比赛场馆，高级会堂等和不同结构形式（预制结构）的建筑物，按不同檐高进行对比、测算，取定了特殊公共建筑和不同结构的垂直运输系数。

因内浇外挂、全现浇、滑模等结构形式在实际工程中很少遇到，《建筑安装工程工期定额》TY 01-89-2016也没有提供相应的施工工期，本节未予编列。

(5) 本节子目中的综合工日，系机械配合用工，即通信工和索工（给塔吊挂钩的用工），且不单独计算人工幅度差。

综合工日（檐高≤20m）＝20m以内塔吊台班

综合工日（檐高＞20m）＝20m以上塔吊台班×2（索工和通信工）

机械台班中已含的人工，本节不单独表现。

1. 垂直运输子目，定额按合理的施工工期、经济的机械配置编制。编制招标控制价时，执行定额不得调整，如图 19-1 所示。

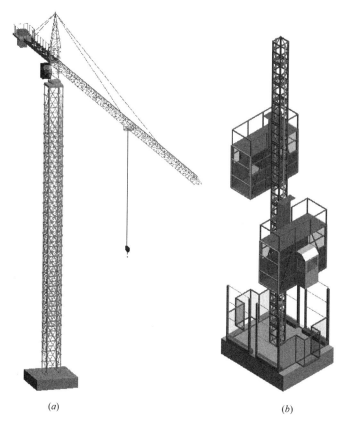

图 19-1　垂直运输机械示意图

（a）塔式起重机；（b）施工电梯

2. 垂直运输子目，定额按泵送混凝土编制。建筑物（构筑物）主要结构构件柱、梁、墙（电梯井壁）、板混凝土非泵送（或部分非泵送）时，其（体积百分比，下同）相应子目中的塔式起重机乘以系数 1.15，如图 19-2 所示。

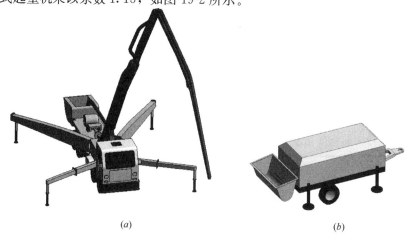

图 19-2　泵送混凝土机械示意图

（a）混凝土泵车；（b）拖式混凝土输送泵

（1）建筑物（构筑物）主要结构构件混凝土全部非泵送时，其相应子目中的塔式起重机乘以系数1.15。

（2）建筑物主要结构构件混凝土部分非泵送时：

非泵送建筑面积＝（非泵送混凝土体积/混凝土总体积）×总建筑面积

非泵送建筑面积相应子目中的塔式起重机乘以系数1.15。

泵送建筑面积＝总建筑面积－非泵送建筑面积

泵送建筑面积相应子目中的塔式起重机不调整。

（3）构筑物主要结构构件混凝土部分非泵送时：

相应子目塔吊台班＝子目原塔吊台班×（1＋非泵送混凝土体积/混凝土总体积×0.15）

3. 垂直运输子目，定额按预制构件采用塔式起重机安装编制。

（1）预制混凝土结构、钢结构的主要结构构件柱、梁（屋架）、墙、板采用（或部分采用）轮胎式起重机安装时，其相应子目中的塔式起重机全部扣除。

按照体积或质量百分比计算。

① 预制混凝土结构、钢结构的主要结构构件全部采用轮胎式起重机安装时，其相应子目中的塔式起重机全部扣除。

② 预制混凝土结构、钢结构的主要结构构件部分采用轮胎式起重机安装时：

轮胎机安装建筑面积＝［轮胎机安装体积（质量）/总体积（质量）］×总建筑面积

塔式起重机安装建筑面积＝总建筑面积－轮胎机安装建筑面积

轮胎式起重机安装建筑面积相应子目中的塔式起重机全部扣除。

塔式起重机安装建筑面积相应子目中的塔式起重机不调整。

（2）其他建筑物的预制混凝土构件全部采用轮胎式起重机安装时，相应子目中的塔式起重机乘以系数0.85。

4. 垂直运输子目中的施工电梯（或卷扬机），是装饰工程类别为Ⅲ类时的台班使用量。装饰工程类别为Ⅱ类时，相应子目中的施工电梯（或卷扬机）乘以系数1.20；装饰工程类别为Ⅰ类时，乘以系数1.40。

5. 现浇（预制）混凝土结构，系指现浇（预制）混凝土柱、墙（电梯井壁）、梁（屋架）为主要承重构件，外墙全部或局部为砌体的结构形式。

现浇混凝土结构涵盖（但不限于）现浇混凝土框架、框剪、框筒、框支等结构形式。

预制混凝土结构涵盖（但不限于）预制混凝土框架、排架等结构形式。

6. 檐口高度3.6m以内的建筑物，不计算垂直运输。

7. 民用建筑垂直运输。

（1）民用建筑垂直运输，包括基础（无地下室）垂直运输、地下室（含基础）垂直运输、±0.00以上（区分为檐高≤20m、檐高＞20m）垂直运输等内容。

±0.00以下部分，根据《建筑安装工程工期定额》TY 01-89-2016项目设置口径。

民用建筑檐高≤20m工程的垂直运输，本章编列了砖混结构、现浇混凝土结构、预制混凝土结构3种结构形式，并在每种结构形式下，均设置了标准层建筑面积≤500m²、标准层建筑面积≤1000m²和标准层建筑面积＞1000m² 3个子目，用以解决定额中小体量工程垂直运输机械不足的问题。

民用建筑檐高＞20m 工程的垂直运输，将影剧院、体育馆工程的垂直运输用系数方式解决。

在计算民用建筑垂直运输（无地下室）时，应考虑基础（无地下室）垂直运输相关定额子目以及±0.00 以上垂直运输相关定额子目之和进行计取；在计算民用建筑垂直运输（有地下室）时，应考虑基础（含基础）垂直运输相关定额子目以及±0.00 以上垂直运输相关定额子目之和进行计取。

（2）檐口高度，是指设计室外地坪至檐口滴水（或屋面板板顶）的高度。

只有楼梯间、电梯间、水箱间等突出建筑物主体屋面时，其突出部分高度不计入檐口高度。

建筑物檐口高度超过定额相邻檐口高度＜2.20m 时，其超过部分忽略不计。

特殊情况下，建筑物檐口高度超过定额檐口高度的尺寸很小，如果不加以限制，就得执行上一档檐口高度的定额子目，特别是本章子目步距扩展至 20m 后，不合理的成分太大。为此，本章增加了一条限制性说明：建筑物檐口高度超过定额相邻檐口高度＜2.20m 时，其超过部分忽略不计，以减少不合理因素。

（3）民用建筑垂直运输，定额按层高≤3.6m 编制。层高超过 3.60m，每超过 1m，相应垂直运输子目乘以系数 1.15。

连超连乘。因层数增加，塔吊还需要吊运模板、钢筋等相应的材料增加的台班。

（4）民用建筑檐高＞20m 垂直运输子目，定额按现浇混凝土结构的一般民用建筑编制。装饰工程类别为Ⅰ类的特殊公共建筑，相应子目中的塔式起重机乘以系数 1.35。预制混凝土结构的一般民用建筑，相应子目中的塔式起重机乘以系数 0.95。

将影剧院、体育馆工程的垂直运输用系数方式解决。

8. 工业厂房垂直运输。

（1）工业厂房，系指直接从事物质生产的生产厂房或生产车间。

工业建筑中，为物质生产配套和服务的食堂、宿舍、医疗，卫生及管理用房等独立建筑物，按民用建筑垂直运输相应子目另行计算。

（2）工业厂房垂直运输子目，按整体工程编制，包括基础和上部结构。

工业厂房有地下室时，地下室按民用建筑相应子目另行计算。

（3）工业厂房垂直运输子目，按一类工业厂房编制。二类工业厂房，相应子目中的塔式起重机乘以系数 1.20；工业仓库，乘以系数 0.75。

① 一类工业厂房：指机加工、五金、一般纺织（粗纺、制条、洗毛等）、电子、服装等生产车间，以及无特殊要求的装配车间。

② 二类工业厂房：指设备基础及工艺要求较复杂、建筑设备或建筑标准较高的生产车间，如铸造、锻造、电镀、酸碱、仪表、手表、电视、医药、食品等生产车间。

按照《建筑安装工程工期定额》TY 01-89-2016 的项目设置，工业厂房不单独分离基础，也不区分檐高。

9. 钢结构工程垂直运输。

钢结构工程垂直运输子目，按钢结构工程基础以上工程内容编制。

钢结构工程的基础或地下室，按民用建筑相应子目另行计算。

本章按照《建筑安装工程工期定额》TY 01—89—2016 的项目设置，区分公共建筑、工业厂房，并进一步区分用钢量。

10. 零星工程垂直运输。

适用于所有不能计算建筑面积的零星工程。

（1）超深基础垂直运输增加子目，适用于基础（含垫层）深度大于 3m 的情况。

建筑物（构筑物）基础深度，无地下室时，自设计室外地坪算起；有地下室时，自地下室底层设计室内地坪算起。

（2）其他零星工程垂直运输子目，是指能够计算建筑面积（含 1/2 面积）之空间的外装饰层（含屋面顶坪）范围以外的零星工程所需要的垂直运输。

本章设置了砌体、混凝土、金属构件、门窗、装修面层共 5 个零星工程垂直运输子目，适用于能够计算建筑面积（含 1/2 面积）之空间的外装饰层（含屋面顶坪）范围以外的零星工程。例如：装饰性阳台、不能计算建筑面积的雨篷、屋面顶坪以上的装饰性花架、水箱、风机和冷却塔配套基础、信号收发柱塔等。

突出建筑物外墙的室外台阶、坡道、腰线、遮阳板、空调机搁板、不能计算建筑面积的飘窗、挑檐、屋顶女儿墙、排烟气道口等建筑物功能必需的小型构配件，不能按零星工程另行计算垂直运输。

11. 建筑物分部工程垂直运输。

（1）建筑物分部工程垂直运输，包括主体工程垂直运输、外装修工程垂直运输、内装修工程垂直运输，适用于建设单位将工程分别发包给至少两个施工单位施工的情况。

（2）建筑物分部工程垂直运输，执行整体工程垂直运输相应子目，并乘以表 19-1 规定的系数。

综合工日、对讲机和塔式起重机是为主体工程服务的，见表 19-1。

**分部工程垂直运输系数**　　　　　　　　　　　　　　表 19-1

| 机械名称 | 整体工程垂直运输 | 分部工程垂直运输 | | |
| --- | --- | --- | --- | --- |
| | | 主体工程垂直运输 | 外装修工程垂直运输 | 内装修工程垂直运输 |
| 综合工日 | 1 | 1 | 0 | 0 |
| 对讲机 | 1 | 1 | 0 | 0 |
| 塔式起重机 | 1 | 1 | 0 | 0 |
| 清水泵 | 1 | 0.7 | 0.12 | 0.43 |
| 施工电梯或卷扬机 | 1 | 0.7 | 0.28 | 0.2 |

（3）主体工程垂直运输，除表 19-1 规定的系数外，适用整体工程垂直运输的其他所有规定。

（4）外装修工程垂直运输。

建设单位单独发包外装修工程（镶贴或干挂各类板材、设置各类幕墙）且外装修施工单位自设垂直运输机械时，计算外装修工程垂直运输。

外装修工程垂直运输，按外装修高度（设计室外地坪至外装修顶面的高度）执行整体工程垂直运输相应檐口高度子目，并乘以表 19-1 规定的系数。

（5）内装修工程垂直运输。

建设单位单独发包内装修工程且内装修施工单位自设垂直运输机械时，计算内装修工程垂直运输。

内装修工程垂直运输，根据内装修施工所在最高楼层，按表 19-2 对应子目的垂直运输机械乘以表 19-1 规定的系数。

单独内装修工程垂直运输对照      表 19-2

| 定额号 | 檐高（≤m） | 内装修最高层 | 定额号 | 檐高（≤m） | 内装修最高层 |
|---|---|---|---|---|---|
| 相应子目 | 20 | 1～6 | 19-1-30 | 180 | 49～54 |
| 19-1-23 | 40 | 7～12 | 19-1-31 | 200 | 55～60 |
| 19-1-24 | 60 | 13～18 | 19-1-32 | 220 | 61～66 |
| 19-1-25 | 80 | 19～24 | 19-1-33 | 240 | 67～72 |
| 19-1-26 | 100 | 25～30 | 19-1-34 | 260 | 73～78 |
| 19-1-27 | 120 | 31～36 | 19-1-35 | 280 | 79～84 |
| 19-1-28 | 140 | 37～42 | 19-1-36 | 300 | 85～90 |
| 19-1-29 | 160 | 43～48 | | | |

12. 构筑物垂直运输。

（1）构筑物高度，指设计室外地坪至构筑物结构顶面的高度。

（2）混凝土清水池，指位于建筑物之外的独立构筑物。

建筑面积外边线以内的各种水池，应合并于建筑物并按其相应规定一并计算，不适用本子目。

（3）混凝土清水池，定额设置了小于等于 500t、1000t、5000t 三个基本子目。清水池容量（500～5000t）设计与定额不同时，按插入法计算；大于 5000t 时，按每增加 500t 子目另行计算。

（4）混凝土污水池，按清水池相应子目乘以系数 1.10。

13. 塔式起重机安装安全保险电子集成系统时，根据系统的功能情况，塔式起重机按下列规定增加台班单价（含税价）：

（1）基本功能系统（包括风速报警控制、超载报警控制、限位报警控制、防倾翻控制、实时数据显示、历史数据记录），每台班增加 23.40 元；

（2）（基本功能系统）增配群塔作业防碰撞控制系统（包括静态区域限位预警保护系统），每台班另行增加 4.40 元；

（3）（基本功能系统）增配单独静态区域限位预警保护系统，每台班另行增加 2.50 元；

（4）视频在线控制系统，每台班增加 5.70 元。

三、水平运输。

本节综合工日为装卸配合用工，且不另调整人工幅度差。机械台班中已含的人工，本节不单独表现。

1. 水平运输，按施工现场范围内运输编制，适用于预制构件在预制加工厂（总包单位自有）内、构件堆放场地内或构件堆放地至构件起吊点的水平运输。

在施工现场范围之外的市政道路上运输，不适用本定额。

2. 预制构件在构件起吊点半径 15m 范围内的水平移动已包括在相应安装子目内。超过上述距离的地面水平移动，按水平运输相应子目，计算场内运输。

3. 水平运输<1km子目，定额按不同运距综合考虑，实际运距不同时不得调整。

4. 混凝土构件运输，已综合了构件运输过程中的构件损耗。

5. 金属构件运输子目中的主体构件，是指柱、梁、屋架、天窗架、挡风架、防风桁架、平台、操作平台等金属构件。

主体构件之外的其他金属构件，为零星构件。

6. 水平运输子目中，不包括起重机械、运输机械行驶道路的铺垫、维修所消耗的人工、材料和机械，实际发生时另行计算。

四、大型机械进出场。

1. 大型机械基础，适用于塔式起重机、施工电梯、卷扬机等大型机械需要设置基础的情况。

本节根据塔吊、施工电梯、卷扬机等大型机械基础大小不一的情况，将定额单位取定为 $m^3$。根据基础实际施工情况，取定现浇混凝土为预拌混凝土，现浇混凝土模板为竹胶板，并结合实际工程实例，综合了钢筋、地脚螺栓、基础下的混凝土垫层等内容，编制了现浇混凝土独立式基础子目，补充了预制混凝土独立式基础子目。

2. 混凝土独立式基础，已综合了基础的混凝土、钢筋、地脚螺栓和模板，但不包括基础的挖土、回填和复土配重。其中，钢筋、地脚螺栓的规格和用量、现浇混凝土强度等级与定额不同时，可以换算，其他不变。

3. 大型机械安装、拆卸，指大型施工机械在现场进行安装与拆卸所需的人工、材料、机械和试运转，以及机械辅助设施的折旧、搭设、拆除等工作内容。

为方便使用，本章将大型机械进出场中的基础、安装拆卸与场外运输分别独立列项。

4. 大型机械场外运输，指大型施工机械整体或分体自停放地点运至施工现场或由一施工地点运至另一施工地点的运输、装卸、辅助材料等工作内容。

5. 大型机械进出场子目未列明机械规格、能力的，均涵盖各种规格、能力。大型机械本体的规格，定额按常用规格编制。实际与定额不同时，可以换算，消耗量及其他均不变。

6. 大型机械进出场子目未列机械，不单独计算其安装、拆卸和场外运输。

五、施工机械停滞，是指非施工单位自身原因、非不可抗力所造成的施工现场施工机械的停滞。

垂直运输机械和其他大型机械的配备，因为工程具体情况、招标工期、机械生产能力、企业机械调度情况等因素，不同的工程之间会有千差万别的变化。许多情况下，还会与相应定额子目中配置的机械的工作方式、规格、能力等不相一致。

例如：建筑面积、建筑层数相差不大的建筑物，有的配备1000kN·m的自升式塔式起重机，有的可能配备小一些或大一些的自升式塔式起重机。同样是地下两层的土方大开挖，有的用斗容量1$m^3$的液压挖掘机，有的可能用斗容量大一些甚至是其他工作方式的挖掘机。建筑物的垂直运输，按不同结构形式、不同檐高，分别计算工程量并分别套用相应垂直运输子目后，预算汇料结果可能出现同一工程使用了两种甚至几种不同型号的自升式塔式起重机、施工电梯等情况。

（1）招标控制价：编制招标控制价时，所有大型机械，如土方机械、垂直运输机械

（自升式塔式起重机、施工电梯、卷扬机）等，一律执行相应定额子目中配置的机械，不得调整。

垂直运输按相应规定计算工程量、套用相应定额子目后，预算汇料结果可能出现的不同型号的自升式塔式起重机、施工电梯等情况，一律不做调整。

自升式塔式起重机、施工电梯（或卷扬机）的混凝土独立式基础，建筑物底层（不含地下室）建筑面积 1000m² 以内，各计 1 座；超过 1000m²，每增加 400～1000m²，各增加 1 座。建筑物地下层建筑面积 1500m² 以内，各计 1 座；超过 1500m²，每增加 600～1500m²，各增加 1 座。每座分别按 30m³、10m³ 或 3m³ 计算。现浇混凝土独立式基础应同时计算基础拆除。

其他大型机械，其基础不单独计算。自升式塔式起重机、施工电梯（或卷扬机）的安装拆卸和场外运输，其工程量应与其基础座数一致。

其他大型机械的安装拆卸和场外运输，凡按相应规定能够计算的，应按预算汇料结果中的机械名称，每个单位工程至少计 1 台次；工程规模较大或招标工期较短时，按单位工程工程量、招标工期天数、大型机械工作能力等具体因素合理确定。

（2）投标报价：施工单位投标时，应根据工程具体情况、招标工期、机械生产能力、企业机械调度情况等因素，在施工组织设计中（可参考预算汇料结果）明确各种大型机械的配备情况，如大型机械名称、规格、台数、用途和使用时间等。编制报价时，一般应保持其与施工组织设计相一致。大型机械的基础、安装拆卸和场外运输，施工组织设计未明确具体做法时，可按招标控制价口径编入报价。大型机械的安装拆卸和场外运输，凡按相应规定能够计算的，一般每个单位工程只能计 1 台次。

（3）竣工结算：大型机械的使用和计价，竣工结算时，应按施工合同的具体约定（不可竞争费用除外）办理。

施工单位中标、进场后，应做好施工组织设计的完善、优化工作，如施工组织设计未能明确的自升式塔式起重机的独立式基础，应详细说明其具体做法（钢筋、地脚螺栓的规格和用量、现浇混凝土强度等级等）。特别是对于那些与相应定额子目中配置机械不一致的大型机械，应充分说明其必要性和不可替代性。经过完善、优化的施工组织设计，应取得建设单位的认可和批准。

由于种种原因，施工组织设计对某些做法未能具体明确时，由于施工组织设计估计不足或者由于施工条件变化，必须修改施工组织设计的某些做法时，应该以详细、确切的现场签证予以记录和弥补。其中，涉及合同价款调整且能够予以说明的，应该说明调整合同价款的计算方法。

经建设单位批准的施工组织设计和手续完备的现场签证，是调整合同价款、并按实结算的主要依据之一。

## 第二节　工程量计算规则

一、垂直运输。

1. 凡定额单位为"m²"的，均按《建筑工程建筑面积计算规范》GB/T 50353—2013 的相应规定，以建筑面积计算。但以下另有规定者，按以下相应规定计算。

2. 民用建筑（无地下室）基础的垂直运输，按建筑物底层面积计算。

建筑物底层不能计算建筑面积或计算 1/2 建筑面积的部位配置基础时，按其勒脚以上结构外围内包面积，合并于底层建筑面积一并计算。

3. 混凝土地下室（含基础）的垂直运输，按地下室建筑面积计算。

筏板基础所在层的建筑面积为地下室底层建筑面积。

地下室层数不同时，面积大的筏板基础所在层的建筑面积为地下室底层建筑面积。

4. 檐高≤20m 建筑物的垂直运输，按建筑物建筑面积计算。

（1）各层建筑面积均相等时，任一层建筑面积为标准层建筑面积。

（2）除底层、顶层（含阁楼层）外，中间层建筑面积均相等（或中间仅一层）时，中间任一层（或中间层）的建筑面积为标准层建筑面积。

（3）除底层、顶层（含阁楼层）外，中间各层建筑面积不相等时，中间各层建筑面积的平均值为标准层建筑面积。

两层建筑物，两层建筑面积的平均值为标准层建筑面积。

（4）同一建筑物结构形式不同时，按建筑面积大的结构形式确定建筑物的结构形式。

5. 檐高>20m 建筑物的垂直运输，按建筑物建筑面积计算。

（1）同一建筑物檐口高度不同时，应区别不同檐口高度分别计算；层数多的地上层的外墙外垂直面（向下延伸至±0.00）为其分界。

（2）同一建筑物结构形式不同时，应区别不同结构形式分别计算。

6. 工业厂房的垂直运输，按工业厂房的建筑面积计算。

同一厂房结构形式不同时，应区别不同结构形式分别计算。

7. 钢结构工程的垂直运输，按钢结构工程的用钢量，以质量计算。

8. 零星工程垂直运输。

（1）基础（含垫层）深度>3m 时，按深度>3m 的基础（含垫层）设计图示尺寸，以体积计算。

砂石及其灰土垫层、3∶7 灰土、毛石基础等定额已按溜槽考虑，深度大于 3m 时也不计算垂直运输机械费。

（2）零星工程垂直运输，分别按设计图示尺寸和相关工程量计算规则，以定额单位计算。

9. 建筑物分部工程垂直运输。

（1）主体工程垂直运输，按建筑物建筑面积计算。

（2）外装修工程垂直运输，按外装修的垂直投影面积（不扣除门窗等各种洞口，突出外墙面的侧壁也不增加），以面积计算。

同一建筑物外装修总高度不同时，应区别不同装修高度分别计算；高层（向下延伸至±0.00）与底层交界处的工程量，并入高层工程量内计算。

（3）内装修工程垂直运输，按建筑物建筑面积计算。

同一建筑物总层数不同时，应区别内装修施工所在最高楼层分别计算。

10. 构筑物垂直运输，以构筑物座数计算。

二、水平运输。

1. 混凝土构件运输，按构件设计图示尺寸以体积计算。

2. 金属构件运输，按构件设计图示尺寸以质量计算。

三、大型机械进出场。

1. 大型机械基础，按施工组织设计规定的尺寸以体积（或长度）计算。

2. 大型机械安装拆卸和场外运输，按施工组织设计规定以"台次"计算。

【例】某工程（现浇混凝土结构）单线（结构外边线，无外墙外保温）示意图，如图 19-3 所示，计算该工程招标控制价中垂直运输及垂直运输机械进出场的相关工程量，并确定应该执行的定额子目编号。

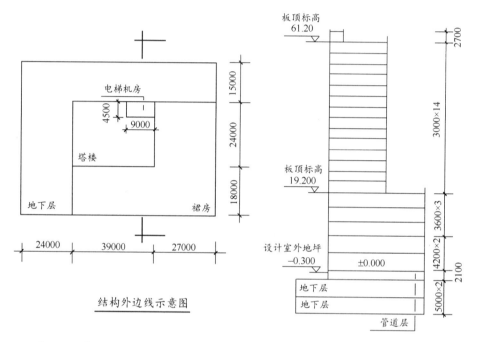

图 19-3 某工程（现浇混凝土结构）单线（结构外边线，无外墙外保温）示意图

解：（1）垂直运输。

1）地下层垂直运输。

地下层底层建筑面积：$90 \times 57 = 5130 (m^2)$

管道层建筑面积：$66 \times 42 \times 0.5 = 1386 (m^2)$

地下层总建筑面积：$5130 \times 2 + 1386 = 11646 (m^2)$

执行定额 19—1—12 子目（混凝土地下层，底层建筑面积$\leqslant 10000 m^2$）。

2）塔楼垂直运输。

塔楼檐高：$61.20 + 0.30 = 61.50 (m)$

由于 $61.50 - 60 = 1.50 (m) < 2.20 m$，故 1.50m 忽略不计。

① 塔楼三层至顶总建筑面积：$39 \times 24 \times 17 + 9 \times 4.5 = 15952.50 (m^2)$

执行定额 19—1—24 子目（现浇混凝土结构，檐高$\leqslant 60 m$）。

② 塔楼一层至二层层高：$4.20 - 3.60 = 0.6 (m) < 1 m$

塔楼一层至二层总建筑面积：$39 \times 24 \times 2 = 1872 (m^2)$

执行定额 19-1-24 子目（层高$>3.6 m$，乘以 1.15）。

③ 裙房垂直运输。

裙房檐高：$19.20+0.30=19.50(m)$

① 裙房标准层建筑面积：$66\times42-39\times24=1836(m^2)$

裙房总建筑面积：$1836\times5=9180(m^2)$

执行定额 19-1-19 子目（现浇混凝土结构，檐高≤20m，标准层建筑面积>1000m²）。

② 裙房一层至二层层高：$4.20-3.60=0.6(m)<1m$

裙房一层至二层总建筑面积：$1836\times2=3672(m^2)$

执行定额 19-1-19 子目（层高>3.6m，乘以 0.15）。

(2)垂直运输机械进出场。

1)垂直运输机械现浇混凝土基础。

① 自升式塔式起重机基础：塔楼 $39\times24=936(m^2)$ 1 座

裙房 $66\times42-39\times24=1836(m^2)$ 2 座

地下层 $90\times57=5130(m^2)$ 4 座

② 施工电梯：塔楼 1 座

③ 卷扬机： 裙房 2 座

地下层 4 座

合计：$30\times7+10\times1+3\times6=238(m^3)$，执行定额 19-3-1、19-3-4 子目。

2)垂直运输机械安装拆卸、场外运输。

① 自升式塔式起重机：塔楼檐高=60m，安拆、外运各 1 台次，执行定额 19-3-6、19-3-19 子目。

裙房地下层檐高<20m，安拆、外运各 6 台次，执行定额 19-3-5、19-3-18 子目。

② 施工电梯：塔楼檐高=60m，安拆、外运各 1 台次，执行定额 19-3-10、19-3-23 子目。

③ 卷扬机：裙房地下层檐高<20m，安拆、外运各 6 台次，执行定额 19-3-9、19-3-22 子目。

四、施工机械停滞，按施工现场施工机械的实际停滞时间，以"台班"计算。

机械停滞费=Σ[（台班折旧费＋台班人工费＋台班其他费)×停滞台班数量]

1. 机械停滞期间，机上人员未在现场或另做其他工作时，不得计算台班人工费。

2. 下列情况，不得计算机械停滞台班：

(1) 机械迁移过程中的停滞。

(2) 按施工组织设计或合同规定，工程完成后不能马上转入下一个工程所发生的停滞。

(3) 施工组织设计规定的合理停滞。

(4) 法定假日及冬雨期因自然气候影响发生的停滞。

(5) 双方合同中另有约定的合理停滞。

# 第二十章 建筑施工增加

## 第一节 定额说明及解释

一、本章定额包括人工起重机械超高施工增加、人工其他机械超高施工增加、其他施工增加三节。

本章适用于建筑物檐口高度>20m，以及特殊环境下施工的建筑装饰工程。

本章施工增加子目，除装饰成品保护增加子目外，均以降效系数（％）表示，它与本定额其他章节的相关子目（基数）配套使用，单独存在时没有实际意义。

本章子目的计算基数，按本定额其他章节的相应规定另行计算。

二、超高施工增加。

1. 超高施工增加，适用于建筑物檐口高度大于20m的工程。

檐口高度是指设计室外地坪至檐口滴水（或屋面板板顶）的高度。

只有楼梯间、电梯间、水箱间等突出建筑物主体屋面时，其突出部分不计入檐口高度。

建筑物檐口高度超过定额相邻檐口高度小于2.20m时，其超过部分忽略不计。

特殊情况下，建筑物檐口高度超过定额檐口高度的尺寸很小，如果不加以限制，就得执行上一档檐口高度的定额子目，特别是本章子目步距扩展至20m后，不合理的成分太大。

2. 超高施工增加，以不同檐口高度的降效系数（％）表示，见表20-1。

使用本章子目，不需要另行计算工程量，在套价软件中，只要把可以作为超高施工增加基数的子目，录入在同一个子目录下，并最后录入本章定额号，套价软件就能够自动计算出超高施工增加的人工、机械。

起重机械降效，指预制混凝土构件安装子目和金属结构安装子目中的轮胎式起重机（包括轮胎起重机安装子目所含机械，但不含除外内容）的降效。

其他机械降效，指除起重机械以外的其他施工机械（不含除外内容）的降效。

各项降效系数，均指完成建筑物檐口高度20m以上所有工程内容（不含除外内容）的降效。

**超高施工增加**　　　　　　表 20-1

| 序号 | 本章归类 | 机械名称 | | 机械举例 | 机械台班定额 | 超高施工增加 |
|---|---|---|---|---|---|---|
| 1 | 起重机械 | 轮胎式起重机（不含2） | | | 起重机械 | 计算 |
| 2 | 除外内容的机械 | ①垂直运输机械 | 塔式起重机 | | 垂直运输机械 | 不计算 |
| | | | 施工电梯 | | | |
| | | | 电动卷扬机 | | | |
| | | ②除外内容（不含①）的机械 | | 混凝土输送泵 | | |
| 3 | 其他机械 | 除1之外所有机械（不含2） | | 混凝土振捣器 | | 计算 |

3. 超高施工增加按总包施工单位施工整体工程（含主体结构工程、外装饰工程、内装饰工程）编制。

（1）建设单位单独发包外装饰工程时，单独施工的主体结构工程和外装饰工程，均应计算超高施工增加。

单独主体结构工程的适用定额同整体工程。

单独外装饰工程，按设计室外地坪至外墙装饰顶坪的高度，执行相应檐高的定额子目。

（2）建设单位单独发包内装饰工程且内装饰施工无垂直运输机械、无施工电梯上下时，按内装饰工程所在楼层，执行表20-2对应子目的人工降效系数并乘以系数2，计算超高人工增加。

单独内装饰工程超高人工增加对照　　　　　　　　　　　　表 20-2

| 定额号 | 檐高（m） | 内装饰所在层 | 定额号 | 檐高（m） | 内装饰所在层 |
|---|---|---|---|---|---|
| 20-2-1 | ≤40 | 7～12 | 20-2-8 | ≤180 | 49～54 |
| 20-2-2 | ≤60 | 13～18 | 20-2-9 | ≤200 | 55～60 |
| 20-2-3 | ≤80 | 19～24 | 20-2-10 | ≤220 | 61～66 |
| 20-2-4 | ≤100 | 25～30 | 20-2-11 | ≤240 | 67～72 |
| 20-2-5 | ≤120 | 31～36 | 20-2-12 | ≤260 | 73～78 |
| 20-2-6 | ≤140 | 37～42 | 20-2-13 | ≤280 | 79～84 |
| 20-2-7 | ≤160 | 43～48 | 20-2-14 | ≤300 | 85～90 |

三、其他施工增加。

1. 本节装饰成品保护增加子目，以需要保护的装饰成品的面积表示；其他3个施工增加子目，以其他相应施工内容的人工降效系数（％）表示。

2. 冷库暗室内作增加，指冷库暗室内作施工时，需要增加的照明、通风、防毒设施的安装、维护、拆除，以及防护用品、人工降效、机械降效等内容。

随着社会的发展，人们的生活质量越来越好，环保意识越来越强，施工现场对劳动工人工作条件、生活条件的要求越来越高，对特殊环境下作业的管理越来越严。

3. 地下暗室内作增加，指在没有自然采光、自然通风的地下暗室内作施工时，需要增加的照明或通风设施的安装、维护、拆除，以及人工降效、机械降效等内容。

4. 样板间内作增加，指在拟定的连续、流水施工之前，在特定部位先行内作施工，借以展示施工效果、评估建筑做法或取得变更依据的小面积内作施工需要增加的人工降效、机械降效、材料损耗增大等内容。

以上3个内作增加子目，不仅指内作装饰施工，也包括在先期完成的相应围合空间内进行混凝土、砌体等二次结构的施工，其属性与超高施工增加子目相同。

5. 装饰成品保护增加，指建设单位单独分包的装饰工程及防水、保温工程，与主体工程一起经总包单位完成竣工验收时，总包单位对竣工成品的清理、清洁、维护等需要增加的内容。建设单位与单独分包的装饰施工单位的合同约定，不影响总包单位计取该项费用。

总包单位自行完成或总包单位自行分包完成上列工程内容时，不适用该子目。

四、实体项目（分部分项工程）的施工增加，仍属于实体项目；措施项目（如模板工程等）的施工增加，仍属于措施项目。

（1）就实质内容看，超高施工增加的属性是由它的计算基数的属性决定的。

以《建筑安装工程工期定额》TY 01-89-2016 4-1-7 子目为例，檐高 20m 以下砌煤矸石实心砖墙（墙厚 240mm），用工量 15.898 工日/10m³。

若檐高 95m，本定额 20-2-4 子目给出的人工降效比例 17.81%。

则檐高 95m 比檐高 20m 以下增加用工：15.898×17.81%=2.83（工日/10m³）

即檐高 95m 砌砖用工量为：15.898+2.83＝18.73（工日/10m³）

18.73 工日/10m³ 与 15.898 工日/10m³ 的用工性质完全相同，施工单位没有采取任何"措施"。

18.73 工日/10m³ 与 15.989 工日/10m³ 的不同之处在于，15.989 工日/10m³ 通过一个子目直接给出，而 18.73 工日/10m³ 则通过两个子目经过计算给出，但这丝毫改变不了它的用工性质。

同理，如果把上述的砌砖换成模板，那么超高施工增加的计算结果，就是檐高不同时应该增加的模板安拆用工。

（2）超高施工增加子目，是定额项目设置的需要，是定额编列技巧的体现。

本定额混凝土烟囱子目，按烟囱高度 60m、80m、100m、120m、150m、180m、210m 分别设置了 16-1-11～16-1-17 共 7 个子目，这都是实体项目。如果定额换一种编列方法，把高度 60m 设置为基本子目，把超过 60m 的各个高度的人工、机械变化规律找出来，并编列成超高增加子目，那么，相应的超高增加子目也是实体项目。两种编列方法是等价的。

如果房屋建筑±0.00 以上所有工程（不含除外内容）都像混凝土烟囱一样，按总高度分别设置子目，这样编列出来的定额就不存在超高施工增加问题了。然而，这样编列出来的定额将会比本定额的篇幅长得多，而且其中大部分子目雷同（材料用量相同，人工、机械有规律性的差别）。为此，人们找到了多层与高层的分界线六层（或 20m），并且找到了高层建筑施工中人工、机械变化的规律，这样就产生了基本子目按檐高 20m 以内编列、将超过部分的规律性变化抽象、概括为超高施工增加子目的现行版本的定额。

定额的项目设置和定额的编列技巧，完全是定额本身的问题，它与施工现场的任何措施没有一点儿关系。

（3）《建设工程劳动定额》LD/T 73.1-4-2008 对超高增加系数的编排和使用，足以证明上述规定的正确性。

《建设工程劳动定额》LD/T 73.1-4-2008 的建筑册、装饰册中，除了不存在超高问题的个别分部外，其余各分部都在本分部的说明中给出了层数大于 6 层时增加用工的系数表。本分部说明给出的系数，当然只能用于本分部的工作内容；通过该系数增加的用工，其属性当然也与本分部相同。

如果本定额换一种编列方法，去掉集中的超高施工增加子目，像《建设工程劳动定额》LD/T 73.1-4-2008 一样，把超高增加系数放在各章的说明中，这样超高增加系数的属性，就像所在章其他系数一样，服从于所在章的属性了。然而，这样编列，若干章的超高增加系数都是一样的，又显得重复。本定额没有把各章略有差别的超高增加系数放在各章，而是概括、抽象并集中表现为超高施工增加子目，这改变不了超高施工增加的属性。

综上所述，超高施工增加子目虽然是定额中的单独子目，但是它仅仅是相关分项工程的附属和补充，它不是独立的分项工程，更不能笼统地将其归类为措施项目。

因此，实体项目的超高人工、机械增加，仍属于实体项目；施工技术措施项目的超高人工、机械增加，仍属于施工技术措施项目。

## 第二节　工程量计算规则

一、超高施工增加。

1. 整体工程超高施工增加的计算基数，为±0.00以上工程的全部工程内容，但下列工程内容除外：

① ±0.00所在楼层结构层（垫层）及其以下全部工程内容；

② ±0.00以上的预制构件制作工程；

③ 现浇混凝土搅拌制作、运输及泵送工程；

④ 脚手架工程；

⑤ 施工运输工程。

因为施工运输和脚手架已单独列项，并且项目中已考虑超高降效的因素。需要说明的是定额中超高人工、机械增加所列的降效率，只与操作高度有关，与操作内容无关。

超高降效中的人工降效不能换算为综合工日调整差价，因是按定额工日单价计算的，基数已随调整。

2. 同一建筑物檐口高度不同时，按建筑面积加权平均计算其综合降效系数。

综合降效系数＝∑（某檐高降效系数×该檐高建筑面积）÷总建筑面积

式中，不同檐高的建筑面积，以层数多的地上层的外墙外垂直面（向下延伸至±0.00）为其分界。

檐口高度不同分别计算，就必须以高低层相交处的高层外墙外垂直面为界，将建筑物由上而下垂直分割至±0.00，包括分割其结构构件及其钢筋、模板，分割其装修面层等，这将给工程量计算带来很大的麻烦。

为避免建筑物垂直分割，简化工程量计算，本章规定同一建筑物檐口高度不同时，按建筑面积、加权平均计算其综合降效系数。

综合降效系数＝∑（某檐高降效系数×该檐高建筑面积）÷总建筑面积

式中，①建筑面积指建筑物±0.00以上（不含地下室）的建筑面积。②不同檐高的建筑面积，以层数多的地上层的外墙外垂直面（向下延伸至±0.00）为其分界。③檐高小于20m建筑物的降效系数，按"0"计算。

超高费仅用人工和机械为计费基础，因材料费中2/3是脚手架的加固费，此项费用已列入不同高度的脚手架（外墙）中。

3. 整体工程超高施工增加，按±0.00以上工程（不含除外内容）的定额人工、机械消耗量之和，乘以相应子目规定的降效系数计算。

4. 单独主体结构工程和单独外装饰工程超高施工增加的计算方法，同整体工程。

5. 单独内装饰工程超高人工增加，按所在楼层内装饰工程的定额人工消耗量之和，乘以"单独内装饰工程超高人工增加对照表"对应子目的人工降效系数的 2 倍计算。

二、其他施工增加。

1. 其他施工增加（装饰成品保护增加除外），按其他相应施工内容的定额人工消耗量之和乘以相应子目规定的降效系数（％）计算。

2. 装饰成品保护增加，按下列规定，以面积计算。

（1）楼、地面（含踢脚）、屋面的块料面层、铺装面层，按其外露面层（油漆涂料层忽略不计，下同）工程量之和计算。

（2）室内墙（含隔断）、柱面的块料面层、铺装面层、裱糊面层，按其距楼、地面高度≤1.80m 的外露面层工程量之和计算。

（3）室外墙、柱面的块料面层、铺装面层、装饰性幕墙，按其首层顶板顶坪以下的外露面层工程量之和计算。

（4）门窗、围护性幕墙，按其工程量之和计算。

（5）栏杆、栏板，按其长度乘以高度之和计算。

（6）工程量为面积的各种其他装饰，按其外露面层工程量之和计算。

三、超高施工增加与其他施工增加（装饰成品保护增加除外）同时发生时，其相应系数连乘。

超高施工增加（$x$）与其他施工增加（$y$，装饰成品保护增加除外）同时发生时，其相应系数连乘，即按系数 $[(1+x)(1+y)-1]$ 计算。

设某项定额的综合工日消耗量为 $A$，当两项系数同时发生时：

$$A[(1+x)(1+y)-1] = A(1+x+y+xy-1) = Ax+Ay+Axy$$

（1）系数连乘≠系数连加：

$$A[(1+x)(1+y)-1] = Ax+Ay+Axy = \frac{A(x+y)}{系数连加}+Axy$$

（2）第二项系数的基数，不仅包括原定额基数，还应包括第一项系数对原定额基数的增加部分，并且两项系数无先后、主次之分：

$$A[(1+x)(1+y)-1] = Ax+Ay+Axy = Ax+(A+Ax)y$$
$$= Ay+(A+Ay)x$$

本章建筑施工增加系数与其他章节调整系数的异同，总结如下。

前 19 章定额说明中，各章多少不同地给出了一些定额调整系数。如"第五章　钢筋及混凝土工程"的定额说明，劲性混凝土柱（梁）中的钢筋，人工乘以系数 1.25。

这就是说，若某钢筋子目的综合工日消耗量为 $A$，则劲性混凝土柱（梁）中的相应钢筋，执行定额时该子目的综合工日消耗量应调整为 $A×1.25$。

$$A×1.25 = A×(1+0.25) = A+A×0.25$$

其中，$A$ 为某钢筋子目的综合工日消耗量，已含在相应定额子目中；$A×0.25$ 为该条说明给出的增加量，0.25 称为增加系数；$A×1.25$ 为调整后的综合工日消耗量，1.25 称为调整系数。

前 19 章定额说明给出的调整系数，一般涉及的定额子目较少，有的甚至仅涉及一个定额子目。工程量套价时，一般将调整系数换算于相应定额子目中。

本章建筑施工增加给出的是增加系数，它涉及的定额子目较多，如超高施工增加涉及

±0.00 以上工程（不含除外内容）的所有定额子目；工程量套价时，将本章建筑施工增加子目置于所有应该增加的定额子目之后，以这些子目中应该增加的相应费用之和为基数，集中进行增加计算。这有效地简化了烦琐的预算书计算。

可见，增加系数与调整系数，虽然在定额中的位置不同、表现形式不同、工程量套价时的计算步骤不同，但两种系数都是对相关定额子目的调整，其实质是完全相同的。

这也从另一个侧面证明了，实体项目的人工、机械增加，仍属于实体项目；施工技术措施项目的人工、机械增加，仍属于施工技术措施项目。

# 第二十一章 建筑工程费用项目组成及计算规则

## 第一节 建筑工程费用项目组成

一、建筑工程费用项目组成（按费用构成要素划分）

建设工程费按照费用构成要素划分：由人工费、材料费（包括工程设备费，下同）、施工机具使用费、企业管理费、利润、规费和税金组成。

（一）人工费：是指按工资总额构成规定，支付给从事建筑安装工程施工的生产工人和附属生产单位工人的各项费用。内容包括以下几种。

1. 计时工资或计件工资：是指按计时工资标准和工作时间或对已做工作按计件单价支付给个人的劳动报酬。

2. 奖金：是指对超额劳动和增收节支支付给个人的劳动报酬。如节约奖、劳动竞赛奖等。

3. 津贴补贴：是指为了补偿职工特殊或额外的劳动消耗和因其他特殊原因支付给个人的津贴，以及为了保证职工工资水平不受物价影响支付给个人的物价补贴。如流动施工津贴、特殊地区施工津贴、高温（寒）作业临时津贴、高空津贴等。

4. 加班加点工资：是指按规定支付的在法定节假日工作的加班工资和在法定日工作时间外延时工作的加点工资。

5. 特殊情况下支付的工资：是指根据国家法律、法规和政策规定，因病、工伤、产假、计划生育假、婚丧假、事假、探亲假、定期休假、停工学习、执行国家或社会义务等原因按计时工资标准或计时工资标准的一定比例支付的工资。

公式1：

$$人工费 = \Sigma(工日消耗量 \times 日工资单价)$$

$$\frac{日工资}{单价} = \frac{生产工人平均月工资(计时、计件) + 平均月(奖金 + 津贴补贴 + 特殊情况下支付的工资)}{年平均每月法定工作日}$$

注：公式1主要适用于施工企业投标报价时自主确定人工费，也是工程造价管理机构编制计价定额确定定额人工单价或发布人工成本信息的参考依据。

公式2：

$$人工费 = \Sigma(工程工日消耗量 \times 日工资单价)$$

日工资单价是指施工企业平均技术熟练程度的生产工人在每工作日（国家法定工作时间内）按规定从事施工作业应得的日工资总额。

工程造价管理机构确定日工资单价应通过市场调查、根据工程项目的技术要求，参考实物工程量人工单价综合分析确定，最低日工资单价不得低于工程所在地人力资源和社会保障部门所发布的最低工资标准的：普工1.3倍、一般技工2倍、高级技工3倍。

工程计价定额不可只列一个综合工日单价，应根据工程项目技术要求和工种差别适当划分多种日人工单价，确保各分部工程人工费的合理构成。

注：公式2适用于工程造价管理机构编制计价定额时确定定额人工费，是施工企业投标报价的参考依据。

按照国家统计局《关于工资总额组成的规定》，合理调整了人工费构成及内容（原来的人工费包括基本工资、工资性补贴、生产工人辅助工资、职工福利费、生产工人劳动保护费）。

（二）材料费：是指施工过程中耗费的原材料、辅助材料、构配件、零件、半成品或成品的费用。

1. 材料费（设备费）的内容包括以下内容。

（1）材料（设备）原价：是指材料、设备的出厂价格或商家供应价格。

（2）运杂费：是指材料、设备自来源地运至工地仓库或指定堆放地点所发生的全部费用。

（3）材料运输损耗费：是指材料在运输装卸过程中不可避免的损耗费用。

（4）采购及保管费：是指采购、供应和保管材料、设备过程中所需要的各项费用。包括采购费、仓储费、工地保管费、仓储损耗。

设备费：是指构成或计划构成永久工程一部分的机电设备、金属结构设备、仪器装置及其他类似的设备和装置的费用。

2. 材料（设备）的单价，按下式计算：

（1）材料费

$$材料费 = \Sigma(材料消耗量 \times 材料单价)$$

$$材料（设备）单价 = [(材料（设备）原价 + 运杂费) \times (1 + 材料运输损耗率)]$$
$$\times (1 + 采购保管费率)$$

（2）工程设备费

$$工程设备费 = \Sigma(工程设备量 \times 工程设备单价)$$

$$工程设备单价 = (设备原价 + 运杂费) \times [1 + 采购保管费率(\%)]$$

依据国家发展和改革委员会、财政部等9部委发布的《标准施工招标文件》的有关规定，将工程设备费列入材料费，原材料费中的检验试验费列入企业管理费中。

（三）施工机具使用费：是指施工作业所发生的施工机械、施工仪器仪表的使用费或其租赁费。

1. 施工机械台班单价由下列七项费用组成。

（1）折旧费：指施工机械在规定的耐用总台班内，陆续收回其原值的费用。

（2）检修费：指施工机械在规定的耐用总台班内，按规定的检修间隔进行必要的检修，以恢复其正常功能所需的费用。

（3）维护费：指施工机械在规定的耐用总台班内，按规定的维护间隔进行各级维护和临时故障排除所需的费用。

维护费包括：保障机械正常运转所需替换设备与随机配备工具附具的摊销费用，机械运转及日常维护所需润滑与擦拭的材料费用及机械停滞期间的维护费用等。

（4）安拆费及场外运费。

安拆费：指施工机械在现场进行安装与拆卸所需的人工、材料、机械和试运转费用，以及机械辅助设施的折旧、搭设、拆除等费用。

场外运费：指施工机械整体或分体自停放地点运至施工现场，或由一施工地点运至另一施工地点的运输、装卸、辅助材料等费用。

（5）人工费：指机上驾驶员（司炉）和其他操作人员的人工费。

（6）燃料动力费：指施工机械在运转作业中所耗用的燃料及水、电等费用。

（7）其他费：指施工机械按照国家规定应缴纳的车船税、保险费及检测费等。

$$施工机械使用费 = \Sigma(施工机械台班消耗量 \times 机械台班单价)$$

$$机械台班单价 = 台班折旧费 + 台班大修费 + 台班经常修理费 + 台班安拆费及场外运费$$
$$+ 台班人工费 + 台班燃料动力费 + 台班车船税费$$

注：工程造价管理机构在确定计价定额中的施工机械使用费时，应根据《建筑施工机械台班费用计算规则》结合市场调查编制施工机械台班单价。

施工企业可以参考工程造价管理机构发布的台班单价，自主确定施工机械使用费的报价，如租赁施工机械，公式为：施工机械使用费＝$\Sigma$（施工机械台班消耗量×机械台班租赁单价）。

2. 施工仪器仪表台班单价由下列四项费用组成。

（1）折旧费：指施工仪器仪表在耐用总台班内，陆续收回其原值的费用。

（2）维护费：指施工仪器仪表各级维护、临时故障排除所需的费用及保证仪器仪表正常使用所需备件（备品）的维护费用。

（3）校验费：指按国家与地方政府规定的标定与检验的费用。

（4）动力费：指施工仪器仪表在使用过程中所耗用的电费。

$$仪器仪表使用费 = 工程使用的仪器仪表摊销费 + 维修费$$

《建筑安装工程费用项目组成》（建标〔2013〕44号）中将仪器仪表使用费列入施工机具使用费，大型机械进出场及安拆费列入措施项目费。根据《建设工程施工机械台班费用编制规则》（建标〔2015〕34号）以及《建设工程施工仪器仪表台班费用编制规则》，更新了施工机具施工用费的具体内容。仪器仪表使用费包括折旧费、维护费、校验费、动力费。

（四）企业管理费：是指施工企业组织施工生产和经营管理所需的费用。

内容包括以下方面。

1. 管理人员工资：是指按规定支付给管理人员的计时工资、奖金、津贴补贴、加班加点工资及特殊情况下支付的工资等。

2. 办公费：是指企业管理办公用的文具、纸张、账表、印刷、邮电、书报、办公软件、现场监控、会议、水电、烧水和集体取暖降温（包括现场临时宿舍取暖降温）等费用。

3. 差旅交通费：是指职工因公出差、调动工作的差旅费、住勤补助费，市内交通费和误餐补助费，职工探亲路费，劳动力招募费，职工退休、退职一次性路费，工伤人员就医路费，工地转移费，以及管理部门使用的交通工具的油料、燃料等费用。

4. 固定资产使用费：是指管理和试验部门及附属生产单位使用的属于固定资产的房

屋、设备、仪器等的折旧、大修、维修或租赁费。

5. 工具用具使用费：是指企业施工生产和管理使用的不属于固定资产的工具、器具、家具、交通工具和检验、试验、测绘、消防用具等的购置、维修和摊销费。

6. 劳动保险和职工福利费：是指由企业支付的职工退职金、按规定支付给离休干部的经费，集体福利费、夏季防暑降温、冬季取暖补贴、上下班交通补贴等。

7. 劳动保护费：是企业按规定发放的劳动保护用品的支出。如工作服、手套、防暑降温饮料，以及在有碍身体健康的环境中施工的保健费用等。

8. 工会经费：是指企业按《工会法》规定的全部职工工资总额比例计提的工会经费。

9. 职工教育经费：是指按职工工资总额的规定比例计提，企业为职工进行专业技术和职业技能培训，专业技术人员继续教育、职工职业技能鉴定、职业资格认定，以及根据需要对职工进行各类文化教育所发生的费用。

10. 财产保险费：是指施工管理用财产、车辆等的保险费用。

11. 财务费：是指企业为施工生产筹集资金或提供预付款担保、履约担保、职工工资支付担保等所发生的各种费用。

12. 税金：是指企业按规定缴纳的房产税、车船使用税、土地使用税、印花税、城市维护建设税、教育费附加及地方教育附加、水利建设基金等。

13. 其他：包括技术转让费、技术开发费、投标费、业务招待费、绿化费、广告费、公证费、法律顾问费、审计费、咨询费、保险费等。

14. 检验试验费：是指施工企业按照有关标准规定，对建筑以及材料、构件和建筑安装物进行一般鉴定、检查所发生的费用，包括自设试验室进行试验所耗用的材料等费用。

一般鉴定、检查，是指按相应规范所规定的材料品种、材料规格、取样批量，取样数量，取样方法和检测项目等内容所进行的鉴定、检查。例如，砌筑砂浆配合比设计、砌筑砂浆抗压试块、混凝土配合比设计、混凝土抗压试块等施工单位自制或自行加工材料按规范规定的内容所进行的鉴定、检查。

15. 总承包服务费：是指总承包人为配合、协调发包人根据国家有关规定进行专业工程发包、自行采购材料、设备等进行现场接收、管理（非指保管）以及施工现场管理、竣工资料汇总整理等服务所需的费用。

（1）以分部分项工程费为计算基础。

$$企业管理费费率(\%) = \frac{生产工人年平均管理费}{年有效施工天数 \times 人工单价} \times 人工费占分部分项工程费比例(\%)$$

（2）以人工费和机械费合计为计算基础。

$$企业管理费费率(\%) = \frac{生产工人年平均管理费}{年有效施工天数 \times (人工单价 + 每一工日机械使用费)} \times 100\%$$

（3）以人工费为计算基础。

$$企业管理费费率(\%) = \frac{生产工人年平均管理费}{年有效施工天数 \times 人工单价} \times 100\%$$

注：上述公式适用于施工企业投标报价时自主确定管理费，是工程造价管理机构编制计价定额确定企业管理费的参考依据。

工程造价管理机构在确定计价定额中企业管理费时，应以定额人工费或（定额人工费＋定额机械费）作为计算基数，其费率根据历年工程造价积累的资料，辅以调查数据确定，列入分部分项工程和措施项目中。

按照《社会保险法》的规定，将原企业管理费中劳动保险费中的职工死亡丧葬补助费、抚恤费列入规费中的养老保险费；在企业管理费中的财务费和其他中增加担保费用、投标费、保险费。

（五）利润：是指施工企业完成所承包工程获得的盈利。

1. 施工企业根据企业自身需求并结合建筑市场实际自主确定，列入报价中。

2. 工程造价管理机构在确定计价定额中利润时，应以定额人工费或（定额人工费＋定额机械费）作为计算基数，其费率根据历年工程造价积累的资料，并结合建筑市场实际确定，以单位（单项）工程测算，利润在税前建筑安装工程费的比重可按不低于5％且不高于7％的费率计算。利润应列入分部分项工程和措施项目中。

（六）规费：是指按国家法律、法规规定，由省级政府和省级有关权力部门规定必须缴纳或计取的费用。包括以下方面。

1. 安全文明施工费。

（1）环境保护费：是指施工现场为达到环保部门要求所需要的各项费用。

（2）文明施工费：是指施工现场文明施工所需要的各项费用。

（3）安全施工费：是指施工现场安全施工所需要的各项费用。

（4）临时设施费：是指施工企业为进行建设工程施工所必须搭设的生活和生产用的临时建筑物、构筑物和其他临时设施费用。

临时设施包括：办公室、加工场（棚）、仓库、堆放场地、宿舍、卫生间、食堂、文化卫生用房与构筑物，以及规定范围内的道路、水、电、管线等临时设施和小型临时设施。

临时设施费，包括临时设施的搭设、维修、拆除、清理费或摊销费等。

2. 社会保险费。

（1）养老保险费：是指企业按照规定标准为职工缴纳的基本养老保险费。

（2）失业保险费：是指企业按照规定标准为职工缴纳的失业保险费。

（3）医疗保险费：是指企业按照规定标准为职工缴纳的基本医疗保险费。

（4）生育保险费：是指企业按照规定标准为职工缴纳的生育保险费。

（5）工伤保险费：是指企业按照规定标准为职工缴纳的工伤保险费。

3. 住房公积金：是指企业按规定标准为职工缴纳的住房公积金。

社会保险费和住房公积金应以定额人工费为计算基础，根据工程所在地省、自治区、直辖市或行业建设主管部门规定费率计算。

社会保险费和住房公积金 ＝ Σ（工程定额人工费 × 社会保险费和住房公积金费率）

式中，社会保险费和住房公积金费率可以每万元发承包价的生产工人人工费和管理人员工资含量与工程所在地规定的缴纳标准综合分析取定。

4. 工程排污费：是指按规定缴纳的施工现场的工程排污费。

工程排污费等其他应列而未列入的规费应按工程所在地环境保护等部门规定的标准缴纳，按实计取列入。

注：按照国家有关部门规定，2018年1月1日起工程排污费不再征收，改征环境保护税，该费用暂列在规费中。

5. 建设项目工伤保险：按鲁人社发〔2015〕15 号《关于转发人社部发〔2014〕103 号文件明确建筑业参加工伤保险有关问题的通知》，在工程开工前向社会保险经办机构交纳，应在建设项目所在地参保。

按建设项目参加工伤保险的，建设项目确定中标企业后，建设单位在项目开工前将工伤保险费一次性拨付给总承包单位，由总承包单位为该建设项目使用的所有职工统一办理工伤保险参保登记和缴费手续。

按建设项目参加工伤保险的房屋建筑和市政基础设施工程，建设单位在办理施工许可手续时，应当提交建设项目工伤保险参保证明，作为保证工程安全施工的具体措施之一。安全施工措施未落实的项目，住房城乡建设主管部门不予核发施工许可证。

按照《社会保险法》《建筑法》的规定，取消原规费中危险作业意外伤害保险费。按鲁人社发〔2015〕15 号文增设了建设项目工伤保险。

6. 优质优价费用：包括国家级优质工程、省级优质工程和市级优质工程三类。

为了鼓励工程建设各方创建优质工程，故增加此项激励费用。

（1）国家级优质工程包括中国建筑工程鲁班奖、中国土木工程詹天佑奖、国家优质工程奖等。

（2）省级优质工程包括山东省建筑工程质量泰山杯、山东省建筑工程优质结构奖、山东省建筑施工安全文明标准化工地。

（3）市级优质工程是指由各区市住房城乡建设主管部门确认的优质工程奖。

（七）税金：是指国家税法规定应计入建筑安装工程造价内的增值税。其中甲供材料、甲供设备不作为增值税计税基础。

税金计算公式：税金＝税前造价×综合税率（％）

综合税率有以下 4 种情况。

1. 纳税地点在市区的企业。

$$综合税率(\%) = \frac{1}{1-3\%-(3\%\times7\%)-(3\%\times3\%)-(3\%\times2\%)} - 1$$

2. 纳税地点在县城、镇的企业。

$$综合税率(\%) = \frac{1}{1-3\%-(3\%\times5\%)-(3\%\times3\%)-(3\%\times2\%)} - 1$$

3. 纳税地点不在市区、县城、镇的企业。

$$综合税率(\%) = \frac{1}{1-3\%-(3\%\times1\%)-(3\%\times3\%)-(3\%\times2\%)} - 1$$

4. 实行营业税改增值税的，按纳税地点现行税率计算。

2016 年，根据国家财政部、税务总局《关于全面推开营业税改征增值税试点的通知》（财税〔2016〕36 号）、住房城乡建设部《关于做好建筑业营改增建设工程计价依据调整准备工作的通知》（建办标〔2016〕4 号），山东省住建厅关于印发《山东省建筑业营业税改征增值税建设工程计价依据调整实施意见》的通知（鲁建办字〔2016〕20 号），从 2016 年 5 月 1 日在建筑业施行增值税。

二、建筑工程费用项目组成（按造价形成划分）

建设工程费按照工程造价形成由分部分项工程费、措施项目费、其他项目费、规费、税金组成。

（一）分部分项工程费：是指各专业工程的分部分项工程应予列支的各项费用。

1. 专业工程：是指按现行国家计量规范划分的房屋建筑与装饰工程、通用安装工程、市政工程、园林绿化工程等各类工程。

2. 分部分项工程：指按现行国家计量规范或现行消耗量定额对各专业工程划分的项目。

如房屋建筑与装饰工程划分的土石方工程、地基处理与边坡支护工程、桩基础工程、砌筑工程、钢筋及混凝土工程等。

$$分部分项工程费＝\Sigma（分部分项工程量×综合单价）$$

式中，综合单价包括人工费、材料费、施工机具使用费、企业管理费和利润，以及一定范围的风险费用（下同）。

（二）措施项目费：是指为完成工程项目施工，发生于该工程施工准备和施工过程中的技术、生活、安全、环境保护等方面的项目费用。

1. 总价措施费：是指省建设行政主管部门根据建筑市场状况和多数企业经营管理情况、技术水平等测算发布了费率的措施项目费用。

总价措施费的主要内容包括以下方面。

（1）夜间施工增加费：是指因夜间施工所发生的夜班补助费、夜间施工降效、夜间施工照明设备摊销及照明用电等费用。

$$夜间施工增加费＝计算基数×夜间施工增加费费率（\%）$$

计费基数应为定额人工费或（定额人工费＋定额机械费），其费率由工程造价管理机构根据各专业工程特点和调查资料综合分析后确定。

（2）二次搬运费：是指因施工场地条件限制而发生的材料、构配件、半成品等一次运输不能到达堆放地点，必须进行二次或多次搬运所发生的费用。

施工现场场地的大小，因工程规模、工程地点、周边情况等因素的不同而各不相同，一般情况下，场地周边围挡范围内的区域为施工现场。

若确因场地狭窄，按经过批准的施工组织设计，必须在施工现场之外存放材料或必须在施工现场采用立体架构形式存放材料时，其由场外到场内的运输费用或立体架构所发生的搭设费用，按实另计。

$$二次搬运费＝计算基数×二次搬运费费率（\%）$$

计费基数应为定额人工费或（定额人工费＋定额机械费），其费率由工程造价管理机构根据各专业工程特点和调查资料综合分析后确定。

（3）冬雨期施工增加费：是指在冬期或雨期施工需增加的临时设施、防滑、排除雨雪、人工及施工机械效率降低等费用。

冬雨期施工增加费，不包括混凝土、砂浆的骨料炒拌、提高强度等级以及掺加于其中的早强、抗冻等外加剂的费用。

$$冬雨期施工增加费＝计算基数×冬雨期施工增加费费率（\%）$$

计费基数应为定额人工费或（定额人工费＋定额机械费），其费率由工程造价管理机构根据各专业工程特点和调查资料综合分析后确定。

（4）已完工程及设备保护费：是指竣工验收前，对已完工程及设备采取的必要保护措施所发生的费用。

已完工程及设备保护费＝计算基数×已完工程及设备保护费费率（％）

计费基数应为定额人工费或（定额人工费＋定额机械费），其费率由工程造价管理机构根据各专业工程特点和调查资料综合分析后确定。

（5）工程定位复测费：是指工程施工过程中进行全部施工测量放线和复测工作的费用。

（6）市政工程地下管线交叉处理费：是指施工过程中对现有施工场地内各种地下交叉管线进行加固及处理所发生的费用，不包括地下管线改移发生的费用。

2. 单价措施费：是指消耗量定额中列有子目并规定了计算方法的措施项目费用。

措施项目费＝Σ（措施项目工程量×综合单价）

单价措施项目包括脚手架、垂直运输机械、构件吊装机械、混凝土泵送、混凝土模板及支架、大型机械进出场、施工降排水。

（三）其他项目费。

1. 暂列金额：是指建设单位在工程量清单中暂定并包括在工程合同价款中的一笔款项，用于施工合同签订时尚未确定或不可预见的材料、设备、服务的采购，施工中可能发生的工程变更、合同约定调整因素出现时工程价款的调整以及发生的索赔、现场签证等费用。

暂列金额，包含在投标总价和合同总价中，只有施工过程中实际发生了并且符合合同约定的价款支付程序，才能纳入到竣工结算价款中。暂列金额，扣除实际发生金额后的余额，仍属于建设单位所有。

暂列金额，一般可按分部分项工程费的 10％～15％ 估算。

暂列金额由建设单位根据工程特点，按有关计价规定估算，施工过程中由建设单位掌握使用、扣除合同价款调整后如有余额，归建设单位。

2. 专业工程暂估价：是指建设单位根据国家相应规定，预计需由专业承包人另行组织施工、实施单独分包（总承包人仅对其进行总承包服务），但暂时不能确定准确价格的专业工程价款。

专业工程暂估价，应区分不同专业，按有关计价规定估价，并仅作为计取总承包服务费的基础，不计入总承包人的工程总造价。

3. 特殊项目暂估价：是指未来工程中肯定发生、其他费用项目均未包括，但由于材料、设备或技术工艺的特殊性，没有可参考的计价依据、事先难以准确确定其价格、对造价影响较大的项目费用。

4. 计日工：是指在施工过程中，承包人完成建设单位提出的工程合同范围以外的、突发性的零星项目或工作，按合同中约定的单价计价的一种方式。

计日工，不仅指人工，零星项目或工作使用的材料、机械，均应计列于本项之下。

计日工由建设单位和施工企业按施工过程中的签证计价。

5. 采购保管费：是指采购、供应和保管材料、设备过程中所需要的各项费用。包括采购费、仓储费、工地保管费、仓储损耗。

总承包服务费由建设单位在招标控制价中根据总包服务范围和有关计价规定编制，施工企业投标时自主报价，施工过程中按签约合同价执行。

采购保管费从定义上来说属于材料费，山东省工程建设标准定额站发布的材料单价中已包含采购保管费。此处采购保管费是考虑在工程建设过程中没有计取采购保管费的材料，如甲方购买的材料等，按费率计算采购保管费。

6. 其他检验试验费：检验试验费，不包括相应规范规定之外要求增加鉴定、检查的费用，新结构、新材料的试验费用，对构件做破坏性试验及其他特殊要求检验试验的费用，建设单位委托检测机构进行检测的费用。此类检测发生的费用，在该项中列支。

建设单位对施工单位提供的、具有出厂合格证明的材料要求进行再检验、经检测不合格的，该检测费用由施工单位支付。

7. 总承包服务费：是指总承包人为配合、协调发包人根据国家有关规定进行专业工程发包、自行采购材料、设备等进行现场接收、管理（非指保管），以及施工现场管理、竣工资料汇总整理等服务所需的费用。

总承包服务费＝专业工程暂估价（不含设备费）×相应费率

8. 其他：包括工期奖惩、质量奖惩等，均可计列于本项之下。

（四）规费：是指按国家法律、法规规定，由省级政府和省级有关权力部门规定必须缴纳或计取的费用。包括以下方面。

1. 安全文明施工费。

（1）环境保护费：是指施工现场为达到环保部门要求所需要的各项费用。

① 材料堆放：包括材料堆放标牌、覆盖。

② 垃圾清运：包括垃圾清运、垃圾通道、垃圾池。

③ 污染源控制：包括有毒有害气味控制、除"四害"措施费用、开挖、预埋污水排放管线。

④ 粉尘噪声控制：包括视频监控及扬尘噪声监测仪、噪声控制、密目网、雾炮、喷淋设施、洒水车及人工、洗车平台及基础、洗车泵、渣土车辆100％密闭运输。

⑤ 扬尘治理补充：包括扬尘治理用水，扬尘治理用电，人工清理路面，驾驶员、汽柴油费用。

（2）文明施工费：是指施工现场文明施工所需要的各项费用。

① 施工现场围挡：包括现场及生活区采用封闭围挡。

② 五板一图：包括八牌二图，项目岗位职责牌。

③ 企业标志：包括企业标志及企业宣传图，企业各类图表，会议室形象墙，效果图及架子。

④ 场容场貌：包括现场及生活区地面硬化处理，绿化，彩旗，现场画面喷涂，现场标语条幅，围墙墙面美化。

⑤ 其他补充：包括工人防暑降温、防蚊虫叮咬，食堂洗涤、消毒设施，施工现场各门禁保安服务费用，职业病预防及保健费用，现场医药、器材急救措施，室外 LED 显示屏，不锈钢伸缩门，铺设钢板路面，施工现场铺设砖，砖砌围墙，智能化工地设备，大门及喷绘、槽边、路边防护栏杆等设施（含底部砖墙），路灯。

（3）临时设施费：是指施工企业为进行建设工程施工所必须搭设的生活和生产用的临时建筑物、构筑物和其他临时设施费用。

临时设施包括：办公室、加工场（棚）、仓库、堆放场地、宿舍、卫生间、食堂、文化卫生用房与构筑物，以及规定范围内的道路、水、电、管线等临时设施和小型临时设施。

临时设施费包括：临时设施的搭设、维修、拆除、清理费或摊销费等。

① 现场办公生活设施：包括工地办公室、宿舍，现场监控线路及摄像头，办公室、宿舍热水器等设施，食堂，卫生间，淋浴室，娱乐室，急救室，空调，阅读栏，生活区衣架等设施，生活区喷绘宣传，宿舍区外墙大牌。

② 施工现场临时用电：包括配电线路电缆，配电总箱及维护架，配电分箱及维护架，配电开关箱及维护架，接地保护装置，漏电开关保护装置，电源线路敷设。

③ 施工现场临时用水：包括施工现场饮用水，生活用水，施工用水，临时给排水设施。

④ 其他补充：包括木工棚、钢筋棚，太阳能，空气能，办公区及生活用电，工人宿舍场外租赁，临时用电，化粪池，仓库，楼层临时厕所，变频柜。

（4）文明施工费：是指施工现场安全施工所需要的各项费用。

① 一般防护：包括安全网，安全帽，安全带。

② 通道棚：包括杆架，扣件，脚手板。

③ 防护围栏：包括配电箱、施工机械等防护棚，起重机械安全防护费，施工机具安全防护设施费，卷扬机安全防护设施。

④ 消防安全防护：包括口罩，灭火器，消防栏，砂箱、砂池，消防水桶，消防铁锹，消防水管，加压泵，消防用水，水池。

⑤ 临边洞口交叉高处作业防护：包括楼板、屋面、阳台等临边防护，通道口防护，预留洞口防护，电梯井口防护，楼梯边防护，垂直方向交叉作业防护，高空作业防护。

⑥ 安全警示标志牌：包括安全警示牌及操作规程。

⑦ 其他补充：包括对讲机，工人工作证，作业人员其他必备安全防护用品胶鞋、雨衣等，安全培训，安全员培训，特殊工种培训，塔吊智能化防碰撞系统、空间限制器，电阻仪、力矩扳手、漏保测试仪等检测器具。

$$安全文明施工费＝计算基数×安全文明施工费费率（\%）$$

计算基数应为定额基价（定额分部分项工程费＋定额中可以计量的措施项目费）、定额人工费或（定额人工费＋定额机械费），其费率由工程造价管理机构根据各专业工程的特点综合确定。

2. 社会保险费。

（1）养老保险费：是指企业按照规定标准为职工缴纳的基本养老保险费。

（2）失业保险费：是指企业按照规定标准为职工缴纳的失业保险费。

（3）医疗保险费：是指企业按照规定标准为职工缴纳的基本医疗保险费。

（4）生育保险费：是指企业按照规定标准为职工缴纳的生育保险费。

（5）工伤保险费：是指企业按照规定标准为职工缴纳的工伤保险费。

3. 住房公积金：是指企业按规定标准为职工缴纳的住房公积金。

4. 工程排污费：是指按规定缴纳的施工现场的工程排污费。

注：按照国家有关部门规定，2018年1月1日起工程排污费不再征收，改征环境保护税，该费用暂列在规费中。

5. 建设项目工伤保险：按鲁人社发〔2015〕15号《关于转发人社部发〔2014〕103号文件明确建筑业参加工伤保险有关问题的通知》，在工程开工前向社会保险经办机构交纳，应在建设项目所在地参保。

按建设项目参加工伤保险的，建设项目确定中标企业后，建设单位在项目开工前将工伤保险费一次性拨付给总承包单位，由总承包单位为该建设项目使用的所有职工统一办理工伤保险参保登记和缴费手续。

按建设项目参加工伤保险的房屋建筑和市政基础设施工程，建设单位在办理施工许可手续时，应当提交建设项目工伤保险参保证明，作为保证工程安全施工的具体措施之一。安全施工措施未落实的项目，住房城乡建设主管部门不予核发施工许可证。

按照《社会保险法》《建筑法》的规定，取消原规费中危险作业意外伤害保险费。按鲁人社发〔2015〕15号文增设了建设项目工伤保险。

6. 优质优价费用：包括国家级优质工程、省级优质工程和市级优质工程三类。

为了鼓励工程建设各方创建优质工程，故增加此项激励费用。

（1）国家级优质工程包括中国建筑工程鲁班奖、中国土木工程詹天佑奖、国家优质工程奖等。

（2）省级优质工程包括山东省建筑工程质量泰山杯、山东省建筑工程优质结构奖、山东省建筑施工安全文明标准化工地。

（3）市级优质工程是指由各区市住房城乡建设主管部门确认的优质工程奖。

（五）税金：是指国家税法规定应计入建筑安装工程造价内的增值税。其中甲供材料、甲供设备不作为增值税计税基础。

建设单位和施工企业均应按照省、自治区、直辖市或行业建设主管部门发布标准计算规费和税金，不得作为竞争性费用。

## 第二节　建筑工程费用计算规则

一、工程类别划分标准。

工程类别的确定，以单位工程为划分对象。一个单项工程的单位工程包括：建筑工程、装饰工程、水卫工程、暖通工程、电气工程等若干个相对独立的单位工程。一个单位工程只能确定一个工程类别。

工程类别划分标准中有两个指标的，确定工程类别时，需满足其中一项指标。

工程类别划分标准缺项时，拟定为Ⅰ类工程的项目，由省工程造价管理机构核准；Ⅱ、Ⅲ类工程项目，由市工程造价管理机构核准，并同时报省工程造价管理机构备案。

（一）建筑工程类别划分标准，见表21-1。

建筑工程类别划分标准　　　　　　　　　　表21-1

| 工程特征 | | | | 单位 | 工程类别 | | |
|---|---|---|---|---|---|---|---|
| | | | | | Ⅰ | Ⅱ | Ⅲ |
| 工业厂房工程 | 钢结构 | 跨度 | | m | ＞30 | ＞18 | ≤18 |
| | | 建筑面积 | | m² | ＞25000 | ＞12000 | ≤12000 |
| | 其他结构 | 单层 | 跨度 | m | ＞24 | ＞18 | ≤18 |
| | | | 建筑面积 | m² | ＞15000 | ＞10000 | ≤10000 |
| | | 多层 | 檐高 | m | ＞60 | ＞30 | ≤30 |
| | | | 建筑面积 | m² | ＞20000 | ＞12000 | ≤12000 |

续表

| 工程特征 | | | 单位 | 工程类别 | | |
|---|---|---|---|---|---|---|
| | | | | Ⅰ | Ⅱ | Ⅲ |
| 民用建筑工程 | 钢结构 | 檐高 | m | ＞60 | ＞30 | ≤30 |
| | | 建筑面积 | m² | ＞30000 | ＞12000 | ≤12000 |
| | 混凝土结构 | 檐高 | m | ＞60 | ＞30 | ≤30 |
| | | 建筑面积 | m² | ＞20000 | ＞10000 | ≤10000 |
| | 其他结构 | 层数 | 层 | — | ＞10 | ≤10 |
| | | 建筑面积 | m² | — | ＞12000 | ≤12000 |
| | 别墅工程<br>（≤3层） | 栋数 | 栋 | ≤5 | ≤10 | ＞10 |
| | | 建筑面积 | m² | ≤500 | ≤700 | ＞700 |
| 构筑物工程 | 烟囱 | 混凝土结构高度 | m | ＞100 | ＞60 | ≤60 |
| | | 砖结构高度 | m | ＞60 | ＞40 | ≤40 |
| | 水塔 | 高度 | m | ＞60 | ＞40 | ≤40 |
| | | 容积 | m³ | ＞100 | ＞60 | ≤60 |
| | 筒仓 | 高度 | m | ＞35 | ＞20 | ≤20 |
| | | 容积（单体） | m³ | ＞2500 | ＞1500 | ≤1500 |
| | 贮池 | 容积（单体） | m³ | ＞3000 | ＞1500 | ≤1500 |
| 桩基础工程 | 桩长 | | m | ＞30 | ＞12 | ≤12 |
| 单独土石方工程 | 土石方 | | m³ | ＞30000 | ＞12000 | 5000＜体积<br>≤12000 |

建筑工程类别划分说明。

1. 建筑工程确定类别时，应首先确定工程类型。

建筑工程的工程类型，按工业厂房工程、民用建筑工程、构筑物工程、桩基础工程、单独土石方工程五个类型分列。

（1）工业厂房工程：指直接从事物质生产的生产厂房或生产车间。

在工业建筑中，为物质生产配套和服务的实验室、化验室、食堂、宿舍、医疗、卫生及管理用房等独立建筑物，按民用建筑工程确定工程类别。

（2）民用建筑工程：指直接用于满足人们物质和文化生活需要的非生产性建筑物。

（3）构筑物工程：指与工业或民用建筑配套并独立于工业与民用建筑之外，如烟囱、水塔、贮仓、水池等工程。

（4）桩基础工程：是浅基础不能满足建筑物的稳定性要求而采用的一种深基础工艺，主要包括各种现浇和预制混凝土桩，以及其他材质的桩基础。桩基础工程适用于建设单位直接发包的桩基础工程。

（5）单独土石方工程：指建筑物、构筑物、市政设施等基础土石方以外的，挖方或填方工程量＞5000m³ 且需要单独编制概预算的土石方工程，包括土石方的挖、运、填等。

（6）同一建筑物工程类型不同时，按建筑面积大的工程类型确定其工程类别。

2. 房屋建筑工程的结构形式。

（1）钢结构：是指柱、梁（屋架）、板等承重构件用钢材制作的建筑物。

（2）混凝土结构：是指柱、梁（屋架）、板等承重构件用现浇或预制的钢筋混凝土制作的建筑物。

（3）同一建筑物结构形式不同时，按建筑面积大的结构形式确定其工程类别。

3. 工程特征。

（1）建筑物檐高：指设计室外地坪至檐口滴水（或屋面板板顶）的高度。突出建筑物主体屋面楼梯间、电梯间、水箱间部分高度不计入檐口高度。

（2）建筑物的跨度：指设计图示轴线间的宽度。

（3）建筑物的建筑面积：按建筑面积计算规范的规定计算。

（4）构筑物高度：指设计室外地坪至构筑物主体结构顶坪的高度。

（5）构筑物的容积：指设计净容积。

（6）桩长：指设计桩长（包括桩尖长度）。

4. 与建筑物配套的零星项目，如水表井、消防水泵接合器井、热力入户井、排水检查井、雨水沉砂池等，按相应建筑物的类别确定工程类别。

其他附属项目，如场区大门、围墙、挡土墙、庭院甬路、室外管道支架等，按建筑工程 Ⅲ 类确定工程类别。

5. 工业厂房的设备基础，单体混凝土体积＞1000m³，按构筑物工程Ⅰ类；单体混凝土体积＞600m³，按构筑物工程Ⅱ类；50m³＜单体混凝土体积≤600m³，按构筑物工程Ⅲ类；单体混凝土体积≤50m³，按相应建筑物或构筑物的工程类别确定工程类别。

6. 强夯工程，按单独土石方工程Ⅱ类确定工程类别。

（二）装饰工程类别划分标准，见表 21-2。

**装饰工程类别划分标准** 表 21-2

| 工程特征 | 工程类别 | | |
| --- | --- | --- | --- |
| | Ⅰ | Ⅱ | Ⅲ |
| 工业与民用建筑 | 特殊公共建筑，包括：观演展览建筑、交通建筑、体育场馆、高级会堂等 | 一般公共建筑，包括：办公建筑、文教卫生建筑、科研建筑、商业建筑等 | 居住建筑，工业厂房工程 |
| | 四星级及以上宾馆 | 三星级宾馆 | 二星级以下宾馆 |
| 单独外墙装饰（包括幕墙、各种外墙干挂工程） | 幕墙高度＞50m | 幕墙高度＞30m | 幕墙高度≤30m |
| 单独招牌、灯箱、美术字等工程 | — | — | 单独招牌、灯箱、美术字等工程 |

装饰工程类别划分说明。

1. 装饰工程：指建筑物主体结构完成后，在主体结构表面及相关部位进行抹灰、镶贴和铺装面层等施工，以达到建筑设计效果的施工内容。

（1）作为地面各层次的承载体，在原始地基或回填土上铺筑的垫层，属于建筑工程。附着于垫层或者主体结构的找平层仍属于建筑工程。

（2）为主体结构及其施工服务的边坡支护工程，属于建筑工程。

（3）门窗（不含门窗零星装饰），作为建筑物围护结构的重要组成部分，属于建筑工程。工艺门扇及门窗的包框、镶嵌和零星装饰，属于装饰工程。

（4）位于墙柱结构外表面以外、楼板（含屋面板）以下的各种龙骨（骨架）、各种找平层、面层，属于装饰工程。

（5）具有特殊功能的防水层、保温层，属于建筑工程；防水层、保温层以外的面层属于装饰工程。

（6）为整体工程或主体结构工程服务的脚手架、垂直运输、水平运输、大型机械进出场，属于建筑工程；单纯为装饰工程服务的，属于装饰工程。

（7）建筑工程的施工增加（第二十章），属于建筑工程；装饰工程的施工增加，属于装饰工程。

2. 特殊公共建筑，包括：观演展览建筑（如影剧院、影视制作播放建筑、城市级图书馆、博物馆、展览馆、纪念馆等）、交通建筑（如汽车、火车、飞机、轮船的站房建筑等）、体育场馆（如体育训练、比赛场馆等）、高级会堂等。

3. 一般公共建筑，包括：办公建筑、文教卫生建筑（如教学楼、实验楼、学校图书馆、门诊楼、病房楼、检验化验楼等）、科研建筑、商业建筑等。

4. 宾馆、饭店的星级，按《旅游涉外饭店星级标准》确定。

二、建筑、装饰工程定额计价计算程序，见表 21-3。

建筑、装饰工程定额计价计算程序

表 21-3

| 序号 | 费用名称 | | 计 算 方 法 |
|---|---|---|---|
| 一 | 分部分项工程费 | | Σ{〔定额Σ(工日消耗量×人工单价)+Σ(材料消耗量×材料单价)+Σ(机械台班消耗量×台班单价)〕×分部分项工程量} |
| | 计费基础 JD1 | | Σ[分部分项工程定额Σ(工日消耗量×省人工单价)×分部分项工程量] |
| 二 | 措施项目费 | | 2.1+2.2 |
| | 2.1 单价措施费 | | Σ{〔定额Σ(工日消耗量×人工单价)+Σ(材料消耗量×材料单价)+Σ(机械台班消耗量×台班单价)〕×单价措施项目工程量} |
| | 2.2 总价措施费 | | JD1×相应费率 |
| | 计费基础 JD2 | | Σ[单价措施项目定额Σ(工日消耗量×省人工单价)×单价措施项目工程量]+Σ[JD1×省发措施费费率×总价措施费中人工费含量(%)] |
| 三 | 其他项目费 | | 3.1+3.2+3.3+3.4+3.5+3.6+3.7+3.8 |
| | 3.1 暂列金额 | | 编制招标控制价、投标报价时，按招标工程量清单中列出的金额计列，工程结算时，该项不计列 |
| | 3.2 专业工程暂估价 | | 分为发包人发包的专业工程暂估价和承包人分包的专业工程暂估价。发包人发包的专业工程暂估价仅作为计取总承包服务费的基础，不计入总承包人的工程造价。承包人分包的专业工程暂估价，计入承包人的工程总造价，编制招标控制价、投标报价时，按招标工程量清单中列出的金额计列，工程结算时，按发承包双方最终确认的价格计列 |
| | 3.3 特殊项目暂估价 | | 编制招标控制价、投标报价时，按招标工程量清单中列出的金额计列，工程结算时，按发承包双方最终确认的价格计列 |

| 序号 | 费用名称 | | 计 算 方 法 |
|------|------|------|------|
| 三 | | 3.4 计日工 | 编制招标控制价、投标报价时，按招标工程量清单中列出的项目和数量，承包方自主确定综合单价计列，工程结算时，按发包人实际签证确认的事项计算 |
| | | 3.5 采购保管费 | 承包人计取的甲供材料(设备)的保管费，按实计列 |
| | | 3.6 其他检验试验费 | 企业管理费中材料检验试验费之外的费用，按实计列 |
| | | 3.7 总承包服务费 | 发包人发包的专业工程暂估价(不含设备费)×相应费率 |
| | | 3.8 其他 | 工期奖惩、质量奖惩、索赔与现场签证费用、价格调整费用等按实计列 |
| 四 | 企业管理费 | | (JD1+JD2)×管理费费率 |
| 五 | 利润 | | (JD1+JD2)×利润率 |
| 六 | 规费 | | 6.1+6.2+6.3+6.4+6.5+6.6 |
| | | 6.1 安全文明施工费 | (一+二+三+四+五)×费率 |
| | | 6.2 社会保险费 | (一+二+三+四+五)×费率 |
| | | 6.3 住房公积金 | 按工程所在地设区市相关规定计算 |
| | | 6.4 环境保护税 | 按工程所在地设区市相关规定计算 |
| | | 6.5 建设项目工伤保险 | 按工程所在地设区市相关规定计算 |
| | | 6.6 优质优价费用 | (一+二+三+四+五)×费率 |
| 七 | 设备费 | | Σ(设备单价×设备工程量) |
| 八 | 税金 | | (一+二+三+四+五+六+七)×税率 |
| 九 | 工程费用合计 | | 一+二+三+四+五+六+七+八 |

1. 设备费不参与企业管理费、利润、规费的计算，只参与计取后面的税金。

2. 工程费用合计应为整个单位工程费用，该计算程序没有考虑甲供材的因素。如果在工程中有甲供材发生，则甲供材不参与税金计算，工程费用合计如果作为甲乙双方合同价款的结算时应该减去甲供材、甲供设备的除税价；如果工程费用合计作为整个单位工程的建设工程费的话，应该再加上甲供材、甲供设备的进项税。

三、建设工程费用费率。

(一)建筑、装饰工程措施费。

1. 一般计税法下，见表21-4。

**一般计税法**　　　　　　　　　　　　　　　表 21-4

| 费用名称<br>专业名称 | 夜间施工费 | 二次搬运费 | 冬雨期施工增加费 | 已完工程及设备保护费 |
|------|------|------|------|------|
| 建筑工程 | 2.55% | 2.18% | 2.91% | 0.15% |
| 装饰工程 | 3.64% | 3.28% | 4.10% | 0.15% |

注：建筑、装饰工程中已完工程及设备保护费的计费基础为省价人材机之和。建筑工程的冬雨期施工增加费中包含按规范要求添加的外加剂。

2. 简易计税法下，见表21-5。

**简易计税法**　　　　　　　　　　　　　表 21-5

| 费用名称<br>专业名称 | 夜间施工费 | 二次搬运费 | 冬雨期施工<br>增加费 | 已完工程及<br>设备保护费 |
|---|---|---|---|---|
| 建筑工程 | 2.80% | 2.40% | 3.20% | 0.15% |
| 装饰工程 | 4.0% | 3.6% | 4.5% | 0.15% |

注：建筑、装饰工程中已完工程及设备保护费的计费基础为省价人材机之和。

3. 措施费中的人工费含量，见表21-6。

**措施费中的人工费含量**　　　　　　　　表 21-6

| 费用名称<br>专业名称 | 夜间施工费 | 二次搬运费 | 冬雨期施工<br>增加费 | 已完工程及<br>设备保护费 |
|---|---|---|---|---|
| 建筑工程、装饰工程 | 25% | | | 10% |

（二）企业管理费、利润。

1. 一般计税法下，见表21-7。

**一般计税法**　　　　　　　　　　　　　表 21-7

| 费用名称<br>专业名称 | | 企业管理费 | | | 利润 | | |
|---|---|---|---|---|---|---|---|
| | | Ⅰ | Ⅱ | Ⅲ | Ⅰ | Ⅱ | Ⅲ |
| 建筑工程 | 建筑工程 | 43.4% | 34.7% | 25.6% | 35.8% | 20.3% | 15.0% |
| | 构筑物工程 | 34.7% | 31.3% | 20.8% | 30.0% | 24.2% | 11.6% |
| | 单独土石方工程 | 28.9% | 20.8% | 13.1% | 22.3% | 16.0% | 6.8% |
| | 桩基础工程 | 23.2% | 17.9% | 13.1% | 16.9% | 13.1% | 4.8% |
| | 装饰工程 | 66.2% | 52.7% | 32.2% | 36.7% | 23.8% | 17.3% |

2. 简易计税法下，见表21-8。

**简易计税法**　　　　　　　　　　　　　表 21-8

| 费用名称<br>专业名称 | | 企业管理费 | | | 利润 | | |
|---|---|---|---|---|---|---|---|
| | | Ⅰ | Ⅱ | Ⅲ | Ⅰ | Ⅱ | Ⅲ |
| 建筑工程 | 建筑工程 | 43.2% | 34.5% | 25.4% | 35.8% | 20.3% | 15.0% |
| | 构筑物工程 | 34.5% | 31.2% | 20.7% | 30.0% | 24.2% | 11.6% |
| | 单独土石方工程 | 28.8% | 20.7% | 13.0% | 22.3% | 16.0% | 6.8% |
| | 桩基础工程 | 23.1% | 17.8% | 13.0% | 16.9% | 13.1% | 4.8% |
| | 装饰工程 | 65.9% | 52.4% | 32.0% | 36.7% | 23.8% | 17.3% |

注：企业管理费费率中，不包括总承包服务费费率。

（三）总承包服务费、采购保管费，见表21-9。

**总承包服务费、采购保管费** 表 21-9

| 费用名称 | 费率 | |
|---|---|---|
| 总承包服务费 | 3% | |
| 采购保管费 | 材料 | 2.5% |
| | 设备 | 1% |

（四）建筑、装饰工程规费。

1. 一般计税法下，见表 21-10。

**一般计税法** 表 21-10

| 专业名称<br>费用名称 | 建筑工程 | 装饰工程 |
|---|---|---|
| 安全文明施工费 | 4.47% | 4.15% |
| 其中：1. 安全施工费 | 2.34% | 2.34% |
| 2. 环境保护费 | 0.56% | 0.12% |
| 3. 文明施工费 | 0.65% | 0.10% |
| 4. 临时设施费 | 0.92% | 1.59% |
| 社会保险费 | 1.52% | |
| 住房公积金 | | |
| 环境保护税 | 按工程所在地设区市相关规定计算 | |
| 建设项目工伤保险 | | |
| 优质优价费用 | 根据相应奖项级别的优质工程，分别执行费率标准计算 | |

2. 简易计税法下，见表 21-11。

**简易计税法** 表 21-11

| 专业名称<br>费用名称 | 建筑工程 | 装饰工程 |
|---|---|---|
| 安全文明施工费 | 3.52% | 3.97% |
| 其中：1. 安全施工费 | 2.16% | 2.16% |
| 2. 环境保护费 | 0.11% | 0.12% |
| 3. 文明施工费 | 0.54% | 0.10% |
| 4. 临时设施费 | 0.71% | 1.59% |
| 社会保险费 | 1.40% | |
| 住房公积金 | | |
| 环境保护税 | 按工程所在地设区市相关规定计算 | |
| 建设项目工伤保险 | | |
| 优质优价费用 | 根据相应奖项级别的优质工程，分别执行费率标准计算 | |

安全文明施工费：根据财企〔2012〕16 号文件规定，安全施工费按工程造价 2% 计取，社会保险费按工程造价 1.3% 计取。经过计算，折算出规费中的费率。

社会保险费：为贯彻落实山东省政府《关于减轻企业税费负担降低财务支出成本的意见》（鲁政发〔2016〕10 号）和山东省住建厅、山东省财政厅《关于落实鲁政发〔2016〕10 号文件 进一步做好建筑企业养老保障金管理工作的通知》（鲁建办字〔2016〕21 号）文件的精神，降低企业社会保障性支出，减轻建筑企业用工缴费负担，山东省定额站以鲁标定字〔2016〕33 号调整了社会保障费，即现在的社会保险费。

3. 优质优价费用奖项级别，见表 21-12。

优质优价费用奖项级别

表 21-12

| 奖项级别 | 一般计税法 | 简易计税法 | 备注 |
|---|---|---|---|
| 国家级优质工程 | 1.76% | 1.66% | 对应工程总价的 1.5% |
| 省级优质工程 | 1.16% | 1.10% | 对应工程总价的 1.0% |
| 市级优质工程 | 0.93% | 0.88% | 对应工程总价的 0.8% |

注：获得多个奖项时，按可计列的最高等次计算，不重复计列。优质优价费用作为不可竞争费用，用于创建优质工程，并列入合同约定条款。依法必须招标的工程，应按招标文件提出的创建目标计列优质优价费用。依法不须招标的工程，应按发承包合同约定的创建目标计列。建设工程达到合同约定的创建目标时，按照达到等次计取优质优价费用；未达到合同约定的目标时，按照实际获得等次计取；超出合同约定目标时，合同有明确约定的，根据合同约定计取，合同未明确约定的，由发承包双方协商确定。各级住房城乡建设、发展改革等主管部门应当按照各自职责分工，督促项目建设单位落实创优费用，确保优质优价费用按期足额结算。除优质优价费用外，工程质量安全奖惩条款由发承包双方另行约定。

（五）税金，见表 21-13。

税　金

表 21-13

| 费用名称 | 税率 |
|---|---|
| 增值税 | 9% |
| 增值税（简易计税） | 3% |

注：甲供材料、甲供设备不作为计税基础。

# 参 考 文 献

［1］ 住房城乡建设部标准定额研究所. 房屋建筑与装饰工程消耗量定额（TY 01-31-2015）［M］. 北京：中国计划出版社，2015.
［2］ 山东省建设厅. 山东省建筑工程消耗量定额［M］. 北京：中国计划出版社，2016.
［3］ 张川，杨影. 建筑工程钢筋翻样基础与应用［M］. 北京：中国建筑工业出版社，2019.
［4］ 全国造价工程师职业资格考试培训教材编审委员会. 建设工程技术与计量（土木建筑工程）［M］. 北京：中国计划出版社，2019.
［5］ 建筑施工手册编委会. 建筑施工手册（第五版）［M］. 北京：中国建筑工业出版社，2012.